智能家居系统搭建
入门实战

孙新贺 编著

中国铁道出版社有限公司
CHINA RAILWAY PUBLISHING HOUSE CO., LTD.

内 容 简 介

本书以目前流行的物联网概念为主线，介绍了智能家居知识及搭建整个智能家居系统的全过程。内容包括：什么是智能家居，智能家居的产品，智能家居客户端软件，智能家居工程设计，智能家居工程方案实施实例，智能家居常见典型方案实施案例。第1~2章介绍了智能家居的概念、产品、相关软件；第3~9章介绍了工程设计、实施及典型案例。先理论，后实践，让您轻松拥有一个智慧家庭；最后一章介绍了智慧生活的发展趋势。

本书适合智能家居设计人员、研发人员，以及想要进入智能家居行业的技术人员、投资人员和智能家居爱好者阅读。

图书在版编目（CIP）数据

智能家居系统搭建入门实战/孙新贺编著. —北京：
中国铁道出版社有限公司，2022.9
ISBN 978-7-113-28478-7

Ⅰ.①智…　Ⅱ.①孙…　Ⅲ.①住宅-智能化建筑-
自动化系统　Ⅳ.①TU241

中国版本图书馆CIP数据核字(2021)第217773号

书　　　名：智能家居系统搭建入门实战
　　　　　　ZHINENG JIAJU XITONG DAJIAN RUMEN SHIZHAN
作　　　者：孙新贺

责任编辑：张　丹　　　编辑部电话：(010) 51873028　　　电子邮箱：232262382@qq.com
封面设计：宿　萌
责任校对：安海燕
责任印制：赵星辰

出版发行：中国铁道出版社有限公司（100054，北京市西城区右安门西街 8 号）
网　　址：http://www.tdpress.com
印　　刷：北京柏力行彩印有限公司
版　　次：2022 年 9 月第 1 版　　2022 年 9 月第 1 次印刷
开　　本：700 mm×1 000 mm 1/16　印张：13.75　字数：280 千
书　　号：ISBN 978-7-113-28478-7
定　　价：79.80 元

前　言

这本书写完的时候，我又回忆了我与智能家居的过往。

之前我认为对智能家居的浓厚兴趣主要在读大学本科阶段建立，也就是 15 年前，但是我仔细想了想，应该是在读初中的时候，大概在 22 年前。记得最初萌生的想法是如何实现我回到自己的卧室后灯自动打开，那时基础知识匮乏，我用弹簧做了一个简单的机械装置，接了一只 12V 的灯泡，实现了"开门自动开灯"功能，兴奋得一夜没睡着。从那以后，我就总是想一些方法来搞一些简单的家庭"自动化"。当然，真正能够系统地落地，是在大学本科阶段，作为工业自动化专业的学生，在具备相关基础知识以后，做一些真正的家庭自动化的小东西就不难了，那时候我自己制作了遥控灯、遥控音箱等一些小东西，虽然并不具备"连网"功能，但是使用无线通信，也算可以实现一些简单的控制和自动化了。

本科到硕士，我研究的方向一直是工业自动化，但是对于智能家居，也就是家庭自动化，我不但没有放弃，反而兴趣越来越浓厚。工作后，一些智能家居的小产品已经开始陆续上市，我开始研究拆解各种单品，搭建各种各样的系统，对全宅智能的构建进行了一些小"研究"，对自己的"研究"成果，有时写文章总结一下，这些总结性的文章，就是这本书的肇始。

所以，这本书是写给和我一样喜欢智能家居的朋友或者是智能家居行业从业者的。从本书中，可能无法找到复杂高深的理论，但是会了解到各种组件的基本原理和各种智能家居系统的构建思路、方法，当前智能家居的产品及平台的基本情况，以及日常使用智能家居系统的方法和技巧。即使你没有任何智能家居方面的基础，这本书依然可以读懂，我也相信，读完后一定会有所收获。

本书从智能家居最基础的知识讲起，以一套典型的智能家居系统解析让大家先了解智能家居的基本结构，然后介绍了玩转智能家居的思路以及各个子系统的构建方法。同时，对于大家关注的装修过程与智能家居的关系以及智能家居的日常使用、维护和安全性进行了讲解。然后以 5 个不同户型、不同需求的用户构建的具备不同特点的智能家居系统为例子，让大家更直观地学会搭建一套适合自己的智能家居系统。最后，讲述了一些智能家居相关技术的进展和发展方向，畅想了未来的智能生活。近几年，智能家居飞速发展，新产品层出不穷，本书受限于时间和个人能力，其中难免有缺点和错误，还请各位读者批评指正。

开始写这本书的时候，我的儿子刚刚出生，调皮的他一定程度上影响了本书的进度，但是他带给了我很多欢乐，提升了我想写这本书的"劲头"。现在这本书终于可以和大家见面了。

我的第二个孩子，也已经来到这个世界了。智能家居是未来，孩子们更是未来。

感谢我的宝贝们，感谢我的妻子对我写这本书的支持，感谢我的父母，他们给予我太多太多……

更要感谢亲爱的读者，与你分享，是我最大的快乐。

孙新贺

2022 年 5 月

目　录

第1章　初识智能家居

（智能家居是什么？有哪些优势？）

第2章　智能家居基础知识

（玩转智能家居，需要了解哪些基础知识？）

第**3**章　一套典型的智能家居系统解析

（这是一套比较基础且典型的智能家居系统，我们通过它来认识一下智能家居。）

第**4**章　小白玩转智能家居

（我什么也不懂，怎么玩转智能家居呢？）

第**5**章　智能家居构建方法

（智能家居的各个子系统，应该如何构建？）

第6章 装修与智能家居

（我想要全屋智能，装修时需要注意什么？已经装修的房子如何改造？）

第7章 智能家居的日常应用和维护

（一套智能家居系统，我要如何使用？需要定期维护吗？哪些习惯和传统家居是完全不一样的？）

第8章 智能家居安全性

（我会不会被黑客攻击？如何保证全屋智能系统的安全呢？）

第9章 智能家居构建实例

（手把手教你做智能家居系统，觉得设计麻烦吗？这些实例可以照搬回家。）

第10章 智能家居的未来

（未来的智能家居会是什么样？配合无人驾驶、智慧小区等领域的发展，未来的智能生活会是怎样一番图景？）

第 1 章

初识智能家居

（智能家居是什么？有哪些优势？）

1.1 智能家居是什么

智能家居，也称家庭自动化，是将家中的各种设备，如照明、音响、空调、通风机、报警器、电动窗帘、传感器以及各种其他家电通过专用的网络连接在一起，从而实现自动控制、远程控制、语音控制和一键控制等功能，提升家居生活的便利性、舒适性和安全性，如图 1-1 所示。

图 1-1　智能家居将各种设备连接在一起

智能家居系统可以通过家居环境的温度、湿度、亮度、音量、震动，是否有人活动等信息自动控制空调、灯光、影音系统等设备的工作；可以通过智能音响等语音接口实现人机对话，语音控制相应设备；还可以通过手机 App、网页、小程序等方式远程控制家中的设备。

家中设备运行情况、实时画面、抓拍画面及报警等信息可以通过手机 App 等方式反馈到用户手机上，让用户无论在哪里都可以对家中的情况了如指掌。

总体来看，相对于传统家居，智能家居实现了家居生活的自动化和智能化，很多新建小区已经配备了全套智能家居系统，智能家居几乎成了现代生活的标配。

1.2　智能家居的历史

关于智能家居的起源，比较常见的说法是在 20 世纪 80 年代的美国，当时称为 Smart Home。

在 20 世纪 80 年代中期，大量采用电子技术的家用电器面世，为智能家居的出现奠定了基础。20 世纪 80 年代末期，通信技术与信息技术的迅速发展，产生了一些通过总线技术控制家中设备的系统，其基本结构与目前的有线系统类似。

智能家居从产生到现在的繁盛经历了四个阶段：

第一阶段　　通过同轴电缆或者两芯电缆完成简单的家庭组网，实现灯光、窗帘及少量安防系统的控制。严格来说，此阶段还不能称为网络，也还远未达到全宅智能的程度，仅仅是实现了几个组件的互联。

第二阶段　　通过现场总线和部分 IP 网络来连接各个设备和组件，这算是真正的网络了，实现了可视对讲、安防等功能，再配合一些支持总线控制的家电产品，全宅智能的雏形已经出现。

第三阶段　　集中控制主机产生，家中灯光、音响、门锁、窗帘、影院、空调各种组件都可以接入集中控制主机来进行控制，实现了全宅智能，整体结构已经与现在市面上有线系统的结构类似，成本较高，价格也较高，局限于个别高端建筑和住宅中，还不具备大范围推广应用的条件。

随着物联网的快速发展和无线网络的普及，出现了以 IP 网络为主，末端采用 ZigBee 等无线通信技术的智能家居系统，让智能家居的成本和部署难度迅速下降，再配合云计算等技术的发展，逐渐补齐了智能家居发展的短板，让智能家居具备了大范围普及的条件，目前市面上大部分的系统都是这种结构，如图 1-2 所示。

图 1-2　ZigBee 模组

但是，发展到现在，Smart Home 依然没有实现，智能家居依然处在 Home Automation，也就是家庭自动化的阶段。

1.3　智能家居系统的基本结构

从系统结构的角度来讲，智能家居系统可分为传感器、执行器、控制中枢、通信网络和人机接口。

传感器 主要是将环境中的各种量收集起来，常见的量有温度、湿度、亮度、音量、人员（确定是否有人）、水浸（检测是否漏水）、燃气（检测是否漏气）等，如图 1-3 所示。

图 1-3　高精度人体传感器

传感器将收集的这些量发送给控制中枢。有的厂家将传感器单独做成组件，也有的厂家将传感器和控制中心做在一起，甚至连同执行器三者都做在一起。

无线摄像头也是一种传感器，可以拍摄、查看家中视频，同时还可以感应移动的物体，如图 1-4 所示。

执行器 → 用于根据控制中枢发出的指令来完成动作，执行器主要是智能插座、智能开关、万能遥控器、电动窗帘、推窗器、智能门锁和智能家电等。

控制中枢 → 用于根据用户的需求和设定，判断传感器发送来的条件变量是否满足要求，如果满足就发出控制指令让执行器执行，或者协调一些执行器按顺序执行某些场景动作。

例如，开始看电影时，控制中心首先指挥影音系统电源开启，然后指挥幕布开始下降，再调节功放输入和输出音量，最后打开投影机，关闭灯光，等幕布下降到位后停止幕布下降，完成整个过程。

有的厂家将控制中心独立出来，称为智慧中心或者网关，如图 1-5 所示；有的厂家将控制中心和传感器做在一起；也有的厂家将控制中心和执行器做在一起，但实现的功能都是一样的。

图 1-4　无线摄像头

图 1-5　智能家居网关

有的厂家给控制中心单独制作一个显示屏，直接安装在墙壁上，用于控制整个智能家居，如图 1-6 所示。

图 1-6　可以控制灯具调光的智能墙壁面板

更多的厂家直接使用手机 App 控制，两种方式各有利弊。显示屏操作方便但位置固定，手机携带方便但不便于多人操作，两者结合是不错的选择，当然还要按照自己的需求来确定。

通信网络 ➜　智能家居组件之间的通信以及和用户之间的通信都需要网络支持。智能家居组件之间一般使用专用的网络通信方式，例如 ZigBee、433 MHz 的射频、蓝牙 Mesh 等（见图 1-7），这些是智能组件之间的通信，用户一般不需要考虑细节。

图 1-7　蓝牙 Mesh 网络

智能家居系统一般使用 Wi-Fi 或者网线接入网络，可以和系统的后台服务器通信，同时还可以和用户的手机 App、智能音箱等设备通信。

人机接口 → 主要用于将用户的指令发送给智能家居系统，同时将智能家居系统的反馈和各种状态信息告知用户。常见的人机接口有手机 App、智能音箱、智能控制器（无线开关、魔方控制器等）、可穿戴设备（如图 1-8 所示）等。近年来，智能音箱发展迅速，因为自然语音是人类用起来非常舒服的一种方式，用自然语言的方式和智能家居系统沟通，不但轻松上手，还不需要改变生活习惯。

图 1-8　智能可穿戴设备

1.4　有线和无线之争

智能家居系统从是否需要布控制线的角度，可分为有线系统和无线系统两类。

有线系统

通过物理线路来传输控制信号，常见的有线通信系统有 KNX、485、Modbus、CAN、IP 等，其中 KNX 在欧洲很流行，485、Modbus、CAN 等现场总线在工业控制领域已经应用多年。一定程度上，可以认为有线系统其实就是工业控制系统的移植家用，当然，工业控制和家庭自动化倾向性不同，可靠性要求不同，但是原理一致。

以 CAN 总线有线系统为例（图 1-9），智能家居的模块或者组件之间需要使用 CAN 通信电缆连接在一起，当然，这种连接类似家中的供电线路，都挂在总线上即可，并不需要每一个都直接用线连接网关。

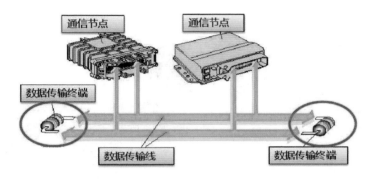

图 1-9　CAN 总线结构

有线系统的历史悠久，应用也广泛，工业控制领域几乎都是有线系统。其主要特点如下：

① 高可靠性和稳定性

有线系统一般采用双绞线等介质传输，例如 CAN 使用一条双绞线传输差分信号，KNX 则是利用两条双绞线，共四条线（两条电源、两条数据），如图 1-10 所示。

图 1-10　总线电缆

这种数据传输安全稳定，信号被约束在线路内，抗干扰能力非常强，可靠性高，即使非常大的系统，例如一栋几十层的大楼，依然能够稳定地传输数据。

② 前期布线成本

前面介绍过，有线系统必须有一条总线或者控制线，这条总线一般是在建设阶段即完成部署，之后再将各个设备接入此总线。对于家庭来讲，就是在装修阶段必须做好规划，留好相应的点位，布置好线管或者电缆支架等。这部分成本对于普通家庭来说无异于大改线路，成本还是较高的，如图 1-11 所示。

图 1-11　有线系统需要复杂的走线

③ 必须前装

从上一条可以看出，如果装修后再装备有线系统，那难度几乎相当于重新装修，可以认为不太可能。所以，有线系统必须前装。

④ 应用比较广泛，技术成熟

有线系统在欧洲以 KNX 为主，在美国更多的是通过 IP 传输，也就是网线（当然，网线也是 4 对双绞线）。KNX 系统主要面向的是楼宇自动化，已经获得了广泛的应用。美国的 Crestron、Savant 等产品在有线方面也都有多年的积累，国外特别是有些家庭住房普遍比较大，在无线系统未充分发展起来之前，有线系统是占统治地位的。

当然，随着现在无线通信的迅速发展，Control 4 和 Savant 等都推出了无线的产品，也一定程度上意味着无线系统已经完全可以满足日常智能家居的要求。

无线系统依靠电磁波来传输数据，常见的传输协议有 ZigBee、Wi-Fi、Z-Wave、射频等。例如网关、服务器以及手机、平板通过 Wi-Fi 通信，网关则通过 ZigBee 与各个智能组件通信，相互之间都不需要物理的连接线。无线系统从起步到现在的迅速发展成熟也不过十几年时间，比有线系统要更为年轻，但是在智能家居领域，无线系统正在焕发出强大的生命力。

无线系统的主要特点如下。

① 低成本

无线系统最大的特点就是总体成本低，省去了前期的布线成本、大量的设计成本，价格上具有相当的优势。特别是国内互联网品牌小米、云起智能等推出的低价格无线智能家居系统，为广大平民百姓带来了曙光，让智能家居的普及进一步加速，让曾经高高在上的智能家居走下神坛，步入寻常百姓家，如图 1-12 所示。

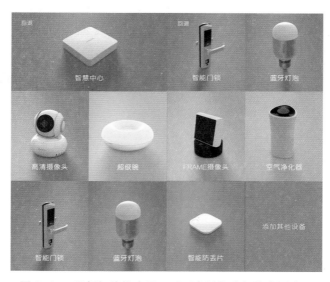

图 1-12 云起智能推出了一系列高性价比智能家居产品

虽说它们在全屋智能或者可靠性方面仍然有一点点不足，但是价格的优势却是非常大的。

② 高灵活性、方便扩展

无线系统因为少了线路的限制，基本上实现了即插即用，配置也非常方便，大部分用户自己就可以完成。同时，无线系统扩展起来更为轻松容易，这也是为什么建议大家先来一个简单的套装用着，然后根据自己的需求，不断地增加或者调整组件，让整套系统慢慢成长。

③　可后装

没有了前期线路的限制，无线系统基本上都可以方便后装，只要前期做好一些电源、Wi-Fi 的配置即可。这一点也极大地方便用户在现有的普通家居条件下升级为智能家居系统。

④　存在供电问题

既然使用无线，有一些组件就有供电问题。例如温湿度传感器、人体红外传感器等，目前的解决办法都是使用电池。

根据实际测试来看，ZigBee、射频等组件的功耗极低，普通纽扣电池使用一年毫无压力，正常情况下，使用两年没问题。更换的成本也并不高，总体来看，还是非常实用的，如图 1-13 所示。

图 1-13　纽扣电池在无线组件供电中广泛使用

⑤　可靠性比有线系统低

可靠性是无线系统的弱点，毕竟无线系统依靠电磁波传输信号，而室内的承重墙、地面、金属防盗门等对信号有较强的衰减作用，其他的无线电波也会对信号的传输产生干扰，这也决定了网关距离组件的距离不能太远，也不宜穿越两道以上的承重墙，如图 1-14 所示。

图 1-14　承重墙对信号有较强的衰减

但是其可靠性就普通家用来讲，是不必过分担心的。家庭不同于工业控制，工业控制中可靠性差可能会导致灾难性后果，而家庭自动化中的可靠性差并不会导致严重问题。

这不代表有线系统的可靠性就高到从来不出问题，电子系统，谁也不能保证永远不出问题，有线系统也一样会挂掉，这只是概率问题。就目前来看，全球相对高端的智能家居厂商也都推出了无线的产品，所以个人认为，无线通信的发展已经足够为智能家居系统提供稳定支撑，再加上现在高效快速的服务响应，用户无须过于担心无线系统的稳定性。

建议

（1）大户型或别墅全宅智能，带音频和视频矩阵等高端系统，需要集成多家国际顶尖厂商的产品，系统庞大、复杂且不计成本，可以走有线。

（2）独栋别墅等超大户型，可靠性要求极高，可以走有线。

其他情况，都可以走无线。

1.5　智能家居很贵吗

曾经，智能家居是很贵的。特别是在 2010 年之前，市场上的智能家居产品非常少，低成本的无线系统很难见到，当时占市场多数的依然是有线的产品，价格堪称天价，一套 100 平方米的普通住宅，仅智能家居一项的预算就超过 10 万元，国外的高端品牌价格更高。

近年来，随着无线通信技术的成熟和专用于智能家居系统的通信协议的发展，更多的无线智能家居系统进入市场，各种智能家居系统的组件价格大幅下降，降幅甚至超过了 90%。

例如在 2010 年，一个智能插座可能要几百元甚至上千元，而在 2015 年，市面上常见的无线智能插座产品价格均在 100 元以下。整体的智能家居系统价格也因组件价格的降低而大幅下降，100 平方米左右的普通户型从几万元一套下降到 1 万～ 2 万元即可实现基本功能。同时，无线系统不需要提前布线，在装修时期线路改造的成本又有较大降低。

整体来看，实现灯光控制、气候控制、窗帘控制、安防报警，以及部分简单的设备控制的整套智能家居系统价格已经下降到寻常百姓家都能接受的程度，在整个装修预算中占有的成本一般在 10% 以下，所以智能家居现在来看已经不贵了。

市场上依然有一些高端的面向别墅等大户型的、功能十分完善的智能家居系统，虽然这些系统的价格和普通家用的智能家居系统差距还是较大的，但是因为用户群相对比较小，并未占到市场主流。

1.6 智能家居产品综述

现在讲智能家居，必须得从平台来讲了，目前市场上的智能家居系统已经呈现平台化的趋势，现有的几大平台已经开始呈现瓜分市场的趋势，小平台或者小品牌基本上只能挂靠大平台才能存活，一些传统的家用电器厂商也纷纷选择自己的阵营来与平台级的厂商合作。

智能家居产品包含的内容非常广泛，除了基本的各种传感器、网关和执行组件，还有冰箱、洗衣机、空调、音响、电视、投影等各种相关的家用电器，可以说没有哪一家厂商可以囊括全部智能家居的产品，所以本部分主要从不同厂商、平台的角度说明各自的产品和系统。

另外，目前智能家居依然存在较大的用户需求问题，如流行的 Control4、Amazon ECHO、Google Home 等，不同用户需求的智能家居系统其设计方向也会有所差别，比如有的系统适合独栋建筑，有的系统更适合智能大厦，还有的系统适合各种公寓型住宅，这是由其主要市场决定的。

1.7 国外智能家居品牌及产品

国外的一些智能家居品牌有较为深厚的历史积淀，在某些方面具备领先的技术，经过多年的发展，产品线也相对比较丰富，其中比较有特色的品牌如下。

① Crestron（快思聪）

快思聪是总部位于美国的一家专注于智能住宅和楼宇的一体化集成公司，在全球 90 多个国家和地区设有分公司，是全球控制技术和集成方案制造商。

快思聪为住宅和楼宇打造集成了影音、照明、遮阳、IT、安防、建筑管理系统（BMS）和 HVAC 等系统的自动化和控制解决方案，它的方案被很多企业所采用。快思聪进入我国的时间仅有十几年，但是已经占据了超过一半的智能家居高端市场份额。

快思聪提供从触摸屏到控制主机、家庭影院、灯光、门禁等几乎全套的智能建筑与智能家居的产品，并提供相应的软件解决方案，可以说是全球智能建筑和智能家居行业的领军企业。

②　Control4（康朔孚）

Control4 成立于 2003 年 3 月，总部位于美国犹他州盐湖城，是一家专业从事智能家居产品的研发、生产、销售的知名企业。Control4 提供整套有线和无线系列控制产品，可以在几个小时内，将整套系统调试完成，并且用户可以根据自己的生活方式轻松定制 Control4 系统。

Control4 最早将 ZigBee 技术应用到住宅领域，也是目前 ZigBee 联盟的一个智能家居厂家。

相对于快思聪，Control4 价格更加亲民，门槛更低，模块化设计，用户经过简单的了解即可使用，特别是基于无线 ZigBee 通信的组件，部署更为灵活，方便用户自己扩展系统。

早在 2011 年，Android@Home 被推出。这是一款用在家庭环境中的智能家居操作系统，可通过任何 Android 装置连接家中的大部分家电，能让用户使用已安装 Android 系统的设备来控制用户家中的各种电器。2016 年 5 月，推出了一款语音助手设备——Home，如图 1-15 所示。

图 1-15　Home（智能音箱）

这是一款智能音箱产品，基于语音指令来提供建议或是回答用户的问题，用户可以与其进行双向对话。在功能上，它可以成为家庭设备的控制中心，可通过语音控制音响、灯光、空调系统等设备。除此以外，还有一家公司，那就是 Nest，如图 1-16 所示。

图 1-16　Nest

④ Amazon（亚马逊）

amazon

亚马逊是美国最大的一家网络电子商务公司，是网络上最早开始经营电子商务的公司之一，亚马逊成立于 1995 年，一开始只经营网络的书籍销售业务，现在则扩及了范围相当广的其他产品，已成为全球商品品种最多的网上零售商和全球第二大互联网企业。

智能家居方面，2014 年 11 月 6 日，亚马逊在官网上线了一款搭载智能助手 Alexa 的智能音箱，命名为 Echo。亚马逊以 Echo/Alexa 模式，在全球掀起智能音箱热潮，Amazon Echo 共有三个版本，分别是入门级的 Dot、标准版的 Echo，以及便携版的 Tap。Echo 的外形和一般的蓝牙音箱没什么区别，也没有任何屏幕，唯一的交互方式就是语音。Alexa 相当于 Echo 的大脑，所有输入 / 输出的信息都经由它处理。目前，Echo/Alexa 已是各大巨头标配硬件，成为行业风向标。

全球各主要智能硬件厂商纷纷支持 Amazon Alexa 人工智能助手（见图 1-17），因众多厂商及开发者加入智能生态体系，有超过 7 400 个品牌支持 AI 助手 Alexa，累计出货量突破 1 亿台大关。亚马逊凭借开放的语音策略，除智能手机以外，Alexa 无疑是智能硬件最受欢迎的一个 AI 语音助手，并推动全球智能家居蓬勃发展。

图 1-17　Amazon Alexa

通过 AI 语音助手赋予音箱人工智能属性，开创智能语音控制新时代，并牢牢掌握了全球绝大多数市场份额，但由于谷歌以及国内百度与阿里巴巴等核心玩家涌入，亚马逊市场份额逐渐被吞噬。

⑤　Apple HomeKit

HomeKit 是苹果 2014 年发布的智能家居平台。2015 年 6 月 3 日，首批发布的 HomeKit 智能家居产品，分别来自 5 家厂商，这些产品可以通过 iPhone、iPad 或 iPod Touch 控制灯光、室温、风扇以及其他家用电器。自 iOS 10 发布后，人们可以使用其中增加的"Home"应用，以管理控制支持 HomeKit 框架的智能家居设备，如图 1-18 所示。

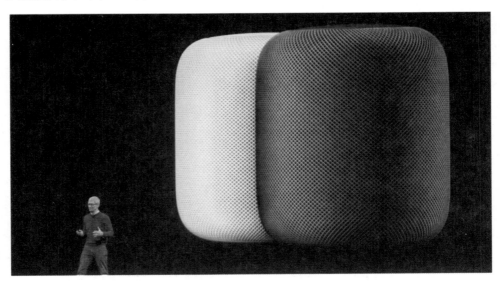

图 1-18　Apple HomePod

苹果本身并不生产搭载 HomeKit 系统的新产品，而是授权第三方厂商生产符合苹果兼容和安全标准的设备。采用 HomeKit 软件的产品必须符合一系列兼容和加密标准，前者可令其支持其他厂商生产的 HomeKit 产品，而后者可以避免黑客接管计算机系统或是窃取用户信息。

之前苹果 HomeKit 的主要问题是对国内环境"水土不服"，组件价格也高高在上，但是随着绿米等国内厂商加入 HomeKit 阵营，让 HomeKit 组件的价格有了下探，但是目前总体来看，在国内完全用 HomeKit 组建智能家居系统还不是非常理想。但是可以预见，如果苹果在 HomeKit 持续发力，作为重点的话，借助庞大的 iOS 设备数量和语音入口 Siri 的知名度，HomeKit 的前景还是非常广阔的。但是如果苹果在国内不拿 HomeKit 当回事，很可能会错失现在良好的机遇。

当然，不支持安卓系统也是 HomeKit 的一大硬伤。

1.8 国内智能家居品牌及产品

相对于国外的老牌智能家居，国内的智能家居品牌多数比较新，近些年成立的公司居多，当然也有其他行业的大鳄入局。宏观来看，国内智能家居仍处于快速发展时期，品牌层出不穷，市场争夺较为激烈，产品迭代升级迅速，其中比较不错的品牌如下。

① 小米生态链

小米生态链几乎可以说是目前市面上非常成熟的一个智能家居平台，巨多生态链产品，让米家 App 旗下的智能硬件数量和质量都非常理想，也就是说只要你想要增加的组件，在小米的生态链中基本都可以找到。

包括中央空调控制器、地暖控制器、洗烘一体机、马桶盖等产品，单单语音入口，小爱同学就有小米 AI 音箱、小爱同学 mini、小爱同学 HD（图 1-19）、Yeelight 语音助手、小米小爱智能闹钟等多个版本，甚至植入智能马桶盖、米家小白摄像头等其他设备中。借助绿米服务商和小米线下经销商团队，其服务落地能力也有保证。

图 1-19　小爱同学 HD

当然，小米生态链太过庞大，很多组件在线上不一定能买到，但是用小米的产品组一套智能家居系统，性价比在各个平台中绝对是最高的。由于硬件利润比较薄，支撑实体店和服务商的能力有限，所以大家看到小米的智能家居核心——绿米的服务商团队，更多的是靠服务费和维保费来获取一定的利润空间。

② 阿里智能

阿里巴巴平台兼容的设备数量非常多，阿里巴巴提供基本的连接方案，接入的产品类型已经超过 80 种，设备组件可选范围非常大，但是现在最大的问题依然是稳定性，支持的设备虽然多，但产品来自不同厂商，这些厂商不像小米生态链一样紧凑，相对比较松散，不排除很多厂商只是为了蹭"智能"的热点而加入了阿里智能的模块，阿里智能的 App 自身的稳定性也有待提升。

③　华为

华为加入智能家居平台竞争战场的时间比较晚，目前，华为智选的产品可以基本上满足构建一套系统的基本要求，不过凭借华为强大的手机终端优势和通信技术储备优势，以连接设备切入智能家居市场，长远来看华为在这方面的竞争力还是非常强大的，如图 1-20 所示。

当然，华为的发展方向可能更多的和阿里智能类似，和小米生态链差别较大：华为提供连接，具体的产品由相关合作厂商完成，这种模式如果发展的好会迅速形成大的生态链，但是如果对合作厂商标准把控不严格，也有可能会使用户获得的体验感大打折扣，当然，华为才刚开始，让我们拭目以待。

图 1-20 华为 HiLink

④ 京东微联

京东微联的 App 名字已经改了，叫小京鱼，目前，京东微联对接智能品类超过 42 个，累计销售超过 150 万台，正在连接产品已经超过 1 000 款，覆盖大家电、生活电器、厨房电器、五金家装、可穿戴设备、车载设备等多种智能硬件，可以直接在京东智能商城上查看和选购。目前还达不到阿里智能的水平，厂家过于松散，导致 App 体验不佳等问题。

⑤ 博联

博联现在的发力重点由 C 端转向了 B 端，目前从线上能买到的产品已经不多了，而之前的 Broadlink DNA 计划，其号召力也远不能和阿里巴巴、京东、小米、华为这种平台级企业相比，所以目前来看其发展已经进入了一个瓶颈期，但是其在智能家居普及阶段凭借极低的价格和不错的产品为很多用户提供了入门和启蒙，做出了不小的贡献。目前博联也加入了阿里巴巴和华为等大家庭，支持天猫精灵等语音入口。

当然，现在博联也有线下服务体系，在它的体验店里能看到更多的产品，虽然发展进入瓶颈期，但是也能够提供整套解决方案。

⑥　云起智能和欧瑞博

云起智能和欧瑞博这两家也是起步比较早的智能家居厂家，虽然达不到平台级的程度，但是现在不论线上还是线下发展都还不错，有自己的服务商团队，价格略高于小米系统。总体来看，特别是欧瑞博的面板、外观等可选范围较大，更适合个性化装修，如图 1-21 所示。比如云起智能已经可以接入米家 App。

图 1-21　欧瑞博的智能家居系统

第 **2** 章

智能家居基础知识

（玩转智能家居，需要了解哪些基础知识？）

2.1 硬件基础知识

智能家居硬件主要是各种传感器、执行器、控制中枢和各种人机接口。控制中枢主要是指网关；常见的传感器主要包括门窗传感器、人体传感器、温湿度传感器、亮度传感器、水浸传感器、动作传感器、烟雾传感器、天然气传感器、摄像头等；执行器主要包括智能墙壁开关、智能插座、智能遥控器、多路控制器、空调控制器、地暖控制器、电动窗帘机、智能门锁等；人机接口主要是智能音箱、墙壁面板、无线按钮开关等。

下面讲解智能家居系统各种常见组件的基本功能及用法。

① 网关

网关 ➡ 是控制中枢的一种，一般来讲，网关是智能家居必不可少的部分，是 ZigBee 等专门用于智能家居组件之间的通信协议和 Wi-Fi 网络（或有线 IP 网络）通信转换的地方，具备一定的计算和存储能力，如图 2-1 所示。

图 2-1 ABB 网关

网关的主要功能是控制中枢，各种自动化联动、场景等功能基本都是通过网关来控制具体的智能家居组件来执行的。有的智能家居系统将网关独立出来，也有的将网关与其他传感器或者执行器等组件合二为一，甚至合多为一。

以小米为例，目前小米的多功能网关，除了网关还带有夜灯功能（支持彩色灯光）、FM 网络收音机功能、亮度监测功能。在小米的系统中，网关和空调控制器合并为一的空调伴侣也具有网关的功能。

网关因为牵扯到 ZigBee 通信、Wi-Fi 等多种通信，所以其布置位置会有比较多的要求。

首先，网关所在的区域必须有足够稳定的 Wi-Fi 网络信号，同时，连接到网关上的智能组件也不能距离网关太远。以应用最多的 ZigBee 网关为例，在没有墙壁等障碍的情况下，一般 10 米范围内 ZigBee 通信比较稳定，但是如果有墙壁、金属隔断、玻璃等材质阻挡，则其 ZigBee 通信的稳定程度就会下降，所以在安装使用时，网关设备的位置要格外小心，同时要结合房间的户型，使用多个网关配合的方式来完成 ZigBee 网络的覆盖。

以小米的网关为例，如图 2-2 所示，一般建议每隔 20 平方米～ 30 平方米设置一个网关，或者每个房间设置一个网关（如果房间内有需要控制的普通空调，可以使用空调伴侣），不建议一套 80 平方米左右甚至更大的房子仅仅使用一台网关。

图 2-2　米家多功能网关

另外，对于需要联动的设备，可尽量布置在一个网关的范围以内，这样会让联动的执行更为稳定。

② 门窗传感器

门窗传感器→ 用于感应门、窗等的开关状态，如图 2-3 所示。

图 2-3　门窗传感器

目前常见的门窗传感器基于干簧管原理，所以也被称为门磁。干簧管通常采用软磁性材料制成，在周边没有磁场的情况下，两个触点是分开的，而当受到磁场磁化后，两个触点即接触，从而接通电路。如果旁边有一块磁铁，那么当磁铁靠近干簧管时，电路即可接通；而当磁铁远离干簧管时，电路即断开，如果将磁铁固定在门上，而干簧管组件固定在贴近磁铁的门框上，那么当门关闭时，电路即可接通，而门打开，则电路断开，通过这种方式实现对门、窗、抽屉等的开关状态的传感。

从本质上讲，这种原理的门窗传感器检测的是与磁铁接近的状态，所以也可以作为接近传感器使用，磁铁接近干簧管和远离干簧管都可以被感应到。

在实际的智能家居系统中，门窗传感器是一种基础的传感器，如果仅使用门窗传感器，能获得的实用信息并不多，更多的是配合其他传感器一起工作。

例如，觉得房间是否有人就靠门磁监测了，其实有人没人更适合用人体传感器监测；与智能门锁结合，可以完全判断门的锁定状态，智能门锁可以判断门是否上锁但无法判断门是否关好，而门窗传感器可以判断门是否关好但无法判断门是否上锁，所以两者结合，就可以更好地判断门的状态。

受限于原理，在实际使用中，门窗传感器需要注意以下几点：

（1）要注意磁场干扰。因为门窗传感器使用软磁性材料，所以只要有较强的磁场，门窗传感器就会判断为关闭，可能发生误判。

（2）如果是铁质门窗，要注意门窗传感器的安装位置。铁质门窗，特别是门，对无线信号有很强的衰减作用，所以门窗传感器安装位置不合理，可能导致与网关的通信不可靠甚至无法通信。

　　一般门窗传感器都建议避免安装在铁质安全门上，一方面影响通信，另一方面可能导致铁门被磁化而影响传感器，但是目前大部门安全门都为铁质，所以在应用的时候要特别注意，让网关尽量靠近门窗传感器以保证通信，同时要注意避免用强磁性材料接近或者磁化铁门。

　　（3）强烈的震动可能导致门窗传感器误判。因为干簧管内部的触点本身并不是固定的，而是可以移动的，所以强烈的震动可能会导致干簧管的两个触头碰触从而引发误判。

　　因此，建议将门窗传感器包含干簧管的部分安装在门窗框等震动较小的部位，以减小震动影响。

　　（4）门窗传感器的传感距离有限，所以每种型号的门窗传感器都有有效距离限制，也就是在门窗关闭状态下，干簧管与磁铁的最大距离。在安装过程中要注意，一定要在有效距离以内，否则会导致无法探测关闭状态的情况发生。

③　人体传感器

人体传感器→ 是智能家居中用得最多的组件之一，也是布置起来难度最大的组件，如图 2-4 所示。

图 2-4　人体传感器

　　目前市面上绝大部分人体传感器的原理都是热释电效应，个别产品采用其他原理，可以实现静止人体的检测，如超声波传感器，但是目前这类传感器成本较高、技术不够成熟、功耗难以控制，导致其应用极少。

热释电效应是指一些具有自发式极化的晶体，在温度发生变化的情况下，会导致某一方向上产生表面极化电荷，也就是电位发生变化。

红外线具有明显的热效应，所有物体都会向外辐射与本身温度相关的红外线，人体也一样，而此红外线照射到热释电材料上以后，会导致热释电材料产生微弱的电位变化，将此电位变化的信号调理、放大后就能判断是否有人体移动。

人体传感器的基本功能是感应人体的移动，一定要注意，它感应的不是人体，而是人体的移动，这是由其原理决定的。

当然，人体发出的红外线十分微弱，所以人体传感器一般都加入可以汇聚人体发出红外线的部件——菲涅尔透镜。

人体传感器让红外线通过菲涅尔透镜部分汇聚，以产生交替变化的"盲区"和"高灵敏区"，这样人体移动时，发出的红外线会交替地通过"盲区"和"高灵敏区"，从而实现更高的检测精度。同时，菲涅尔透镜加入滤光片，此滤光片只让人体发出的特定波长的红外线透过，去除其他红外线的干扰，以提高探测灵敏度，如图 2-5 所示。

图 2-5　菲涅尔透镜

因为用于人体红外线检测的热释电材料价钱便宜，本身不发出任何波束，功耗极低，所以使用非常广泛。但是从原理可以看出，这种人体传感器只能传感人体的移动，也就是人体发出红外线的变化，如果人体静止不动，传感器是无法分辨的。

当然，正常的人体绝对静止不动是不可能的，说得准确一点就是人体移动的幅度要大于菲涅尔透镜产生的"盲区"和"高灵敏区"；所以，很明显，离人体传感器越近，则人体传感器分辨微弱的人体动作的能力越强。

另外，对于人体传感器来讲，它探测的是人体移动导致的红外线的变化，而和人体体温接近的物体或者生物，如小猫、小狗等宠物及暖气片、车灯等也会触发人体传感器。

如果人体发出的红外线被玻璃、浴帘等物体阻挡，或者环境温度和人体体温非常接近，那么人体传感器依然可能发生探测不到人体的情况。

前面提到的玻璃等透明材质虽然看上去不会衰减可见光，但是依然可能衰减人体发出的红外线，所以人体传感器表面，也就是有菲涅尔透镜的那一面是不能使用玻璃等材质遮挡的。且人体传感器传感范围较大，也不适合安装在 86 暗盒等的内部，所以在实际安装使用中人体传感器的隐藏是个问题：突出了容易影响美观，隐藏又影响功能。

因此在使用中，尽量选用体积小的人体传感器或者和室内风格颜色相似的人体传感器，在美观和实用中找到一个平衡。

了解了人体传感器的优缺点，就很容易理解人体传感器如何安装使用了。

下面以小米人体传感器为例来进行说明。

小米的人体传感器具备可多方向旋转并调节角度的支架，强烈建议采用此支架安装，这样可以在实际使用中随时根据需求调整人体传感器的位置和探测区域，如图 2-6 所示。

图 2-6　人体传感器

小米人体传感器的菲涅尔透镜范围并不是都可以探测到人体移动的范围，能够探测人体移动的范围大小在水平角度约为170°，垂直角度不足90°，最大探测距离在4～7m。

当然，这与此传感器内部热释电元件和菲涅尔透镜的相对位置有关，在这种既定条件下，小米人体传感器的安装要注意以下几点。

（1）安装高度以1.2～2.1m为宜，低于1.5m会导致水平方向的探测范围变小，高于2.1m会导致传感器下方盲区过大。

（2）如果家中有宠物猫、狗（体温与人类类似的恒温动物），为了避免其影响，可适当降低人体传感器安装高度并倒置安装，这样虽然牺牲传感范围，但是可以防止宠物在地面活动引起的误触发。

（3）避免探测范围内有玻璃隔断、浴帘等减弱人体发出的红外线传播的材质，卫生间内如果有玻璃隔断，建议将人体传感器安装在玻璃隔断上方，探测面倾斜向下，并垂直于玻璃隔断的平面，以此减小影响。

（4）不要正对暖气片、暖风机、白炽灯等一切温度可能接近人体体温的物体。在室内温度接近人体温度的情况下，人体传感器的灵敏度会有一定程度的降低。

（5）若要检测微小动作，建议将人体传感器尽量靠近被检测人体以提高灵敏度。例如探测如厕的人体，可将人体传感器安装在坐便器后部墙面，高度与如厕人体的头部高度相当（如厕过程人体头部一般会有微弱动作），可一直探测到如厕过程的人体。

（6）如房间过大，单只人体传感器无法探测全部房间，可设置多只人体传感器配合使用；小空间也可使用多只人体传感器消除盲区，提高探测精度。

（7）若要探测某些特殊情况下人体的移动，可借助其他物体的遮挡来探测特定区域或特定状态的人体移动。例如，在卧室判断人体下床走动，可将人体传感器安装在床下区域，利用床体的遮挡来判断是否有人体在地面上走动。

（8）一般情况下，房间内人体传感器要避免正对门口，以免被房间外经过的人体误触发，当然，对于希望人走近门口即需要执行开灯等动作的情况，可侧对门口，探测离门口比较近的人体。

对于人体传感器，很难一次就可以精确安装，所以在日常使用中，可以根据实际效果微调人体传感器的角度、方向和位置，以实现更好的传感效果。

④ 温湿度传感器

温湿度传感器 主要用于探测房间内的温度和湿度，因为我们日常生活中使用的相对湿度数值与温度密切相关，若要测到湿度就必须要有温度数据，所以一般温湿度传感器是集成在一起的。

温湿度传感器有专门的感温和感湿的电子元件，通过电路调理感温和感湿电子元件微弱的电信号后，由通信模块与网关通信，实时传输温湿度数据，如图 2-7 所示。

图 2-7　温湿度传感器

温湿度传感器结构相对较简单，同时功耗和成本也较低，所以温湿度传感器一般价格比较便宜，多数使用电池供电，理想情况下，一个温湿度传感器使用普通纽扣电池或者 7 号电池即可工作一两年甚至更久。

温湿度传感器是控制空调、加湿器、新风、除湿器等暖通设备的基础。如果要控制全宅的温度和湿度，就要每个房间设置一个温湿度传感器。

在日常使用中，温湿度传感器要注意以下几点。

（1）为了提高温湿度测量的准确性，温湿度传感器一般是不密封的，也就是说其内部感知温度和湿度的部件是直接和外界相通的，所以要避免粉尘、腐蚀性气体等的影响，在灰尘过多的地方不宜使用。

（2）温湿度传感器要安装在空气流动的区域。如果安装在空气不流通的死角，可能因为房间内的温湿度梯度导致测量数据与实际偏差较大。

（3）对于比较大的房间和区域，可采用多只温湿度传感器。对于一些大平层、复式、别墅等大户型，客厅、餐厅等某些房间可能会比较大，室内温湿度分布难以平均，此时可采用两只或者多只温湿度传感器测量室内温湿度来控制其他设备。

⑤ 亮度传感器

亮度传感器→ 也称为光线感应器或光传感器，用于探测房间内的光线亮度。亮度传感器与照明灯光控制关系密切，是灯光控制的基础之一。

照明灯光控制的另一个基础是人体传感器，两者一般共同控制照明灯光，所以一些厂商会将亮度传感器与人体传感器设置在一起。

亮度传感器使用光敏元件探测光线亮度，然后经过信号调理电路和通信模块将亮度数据发送给网关（见图2-8），其结构与温湿度传感器等类似，所以也有的厂家将亮度传感器与温湿度传感器等集成在一起，两者共用通信模块，构成环境感应器。

图2-8　亮度传感器和网关

亮度传感器具有方向性。也就是说，传感亮度的区域必须正对传感器的光线接收口，且之间不能有遮光介质的遮挡（玻璃等透明材质不影响），如果装反或者对的不正容易导致亮度传感测量数据和实际差别较大。

⑥ 水浸传感器

水浸传感器→ 用于探测是否有水。水浸传感器本身从技术上讲是非常简单的，因为水本身是导体，所以水浸传感器直接检测触点之间的电阻即可，原理非常简单，但是对于水浸传感器来说，因为一般要放置在可能有水或者比较潮湿的区域，所以其外壳防护等级一般要求比较高，必须是防尘、防水的，如图2-9所示。

图 2-9　水浸传感器

　　水浸传感器常见的有两个触点，此两触点之间如果被水连通，水浸传感器就探测为有水。受其原理限制，如果人为使用导线或者其他导电物体（包括人体）连接两触点，也会触发水浸传感器，引起误报，在使用时要注意排除其他导电材料和物体的干扰。

⑦　动作传感器

动作传感器 用于探测用户的动作，目前这类传感器应用并不是很广，如图 2-10 所示。

图 2-10　一种动作传感器——动静贴

　　动作传感器本质上探测的是自身的加速度，所以其核心一般是加速度传感器。有了加速度传感器，动作传感器就可以判断用户拿起、放下、推倒、旋转、摇晃、震动等各种不同的动作。

一方面，这些动作可以作为用户不同的控制信号去触发不同的功能，这时动作传感器就具备了人机接口的功能；另一方面，通过不同的动作可以判断不同的用户行为，例如，用餐过程会监测到餐桌极其轻微的晃动，睡眠过程也会监测到床体轻微的晃动，这类传感器虽然目前应用不是很广，但是长远来看，还是有相当利用价值的。

⑧ 烟雾传感器

烟雾传感器→ 的主要作用是探测烟雾浓度以探测火灾，如图 2-11 所示。

图 2-11　烟雾传感器

烟雾传感器通过离子式烟雾传感器或者光电式烟雾传感器来探测烟雾，当探测到烟雾时，将信号发送给网关，部分产品也同时支持本机报警功能。

⑨ 天然气传感器

天然气传感器→ 主要作用是探测天然气以检测是否存在天然气泄漏。

天然气传感器通过专门的气敏元件来探测天然气，当探测到的天然气浓度超过一定阈值时触发，将信号发送给网关，部分产品也同时支持本机报警功能。

不论是烟雾传感器还是天然气传感器，由于两者发挥作用的机会较少，所以其工作是否长期稳定就成了一个比较重要的问题，工业上一般会使用烟雾和专门的天然气气样去定期触发传感器以确定其是否工作正常，但是这种方式对于家用来讲并不适合，所以烟雾传感器和天然气传感器一般会设置测试按钮，需要用户间隔一定时间（一个月或三个月等）按下以确定传感器可以正常工作。

对于先进一些的烟雾传感器已经可以自动测试自身的运行状态及探测部分是否正常，用户日常无须维护。

⑩　摄像头

智能摄像头 ➔ 已经是智能家居的一个重要组成部分，可以说是不可或缺的，如图 2-12 所示。

图 2-12　智能摄像头

现在的智能摄像头不仅能实现录像功能，还能实现移动侦测、自动巡检、移动追踪、人形侦测等功能，是智能家居安防中功能最为强大的组件。

摄像头的本职是记录，普通摄像头能够拍摄记录图像和视频，并把图像和视频记录在本机或者硬盘录像机上。智能摄像头在普通摄像头的基础上增加了智能功能，具有更强大的软件，可以在手机 App 或者其他方式控制下实现设备联动、移动侦测、人形侦测、语音对讲、云存储等功能。

市面上几乎所有的主流智能家居厂商都推出了自己的智能摄像头产品，少数智能家居厂商虽然未推出智能摄像头产品，但是也和较大的摄像头设备厂商进行合作，推出定制型号或者兼容型号。

在智能摄像头的选购中，要重点考虑以下几方面：

①　视角

视角 ➔ 是摄像头的视野范围，主要是由镜头的焦距决定的，常见的有 2.8mm、4mm、6mm 等不同焦距，焦距越大，视角越小，如图 2-13 所示。

因为焦距的概念对普通用户来讲不够直观，所以智能摄像头一般也会标注视角范围和适合监控的距离（主要是指能够看清 1.8m 高度人形物体的距离）。

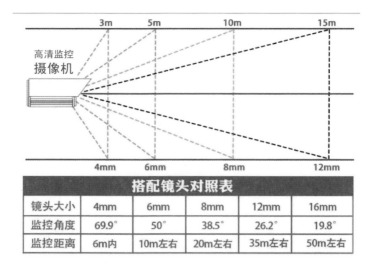

图 2-13　焦距、视角与监控距离

视角越大，同等距离看到的物体就越多，画面范围较大，但是一般画面畸变也更为严重，分辨画面中小物体的能力就越差。视角越小，看到的物体越少，画面范围更小，分辨画面中小物体的能力就越强。所以，对于视角，要根据自己监控的范围来选择，而不是简单的越大越好或者越小越好。

② 分辨率

分辨率 ➔ 是指摄像头的像素密度，很大程度上决定着摄像头的清晰度（传感器的尺寸也决定摄像头的清晰度），可以说是非常重要的性能参数。

目前市面上常见的智能摄像头分辨率为：480p、720p 和 1080p。它们的清晰度依次增加，目前 480p 的智能摄像头多见于低端入门产品，画面分辨率在 640×480 左右，清晰度低，画面模糊，价格低廉，除非预算特别紧张，一般不建议选用。

市场上主流产品为 720p 和 1080p，两者清晰度都不错，当然 1080p 更胜一筹，动态分辨率一般在 1 920×1 080，也就是我们平常所说的"全高清"，价格最高，效果也最好。

要注意，不同分辨率对网络和存储的要求不一样，分辨率越高，同等时间录像占用的存储空间就越多，稳定传输所需的网络传输速率就越高，同样长度的录像，720p 的数据量是 480p 数据量的 3 倍左右，1 080p 的数据量是 720p 的 2.3 倍左右。

③　自带云台

云台 ➔ 的功能是让摄像头可以上下左右转动，这样就可以使用摄像头观看更大的区域，有的云台摄像头可以实现 360° 旋转，也就是摄像头的前后左右都可以通过云台旋转来实现视频监视，如图 2-14 所示。

图 2-14　带云台的摄像头

有云台的摄像头更为灵活，但是同一时间只能监视一个位置，虽然可以实现巡检（自动旋转监视），但是也不可能在同一时间监视到前后左右，会有遗漏的情况。所以对于需要全天候监测的区域一般不适合使用云台摄像头。

④　存储方式

智能摄像头数据的存储方式主要有三种，本机存储、本地 NAS 或者硬盘录像机存储（见图 2-15）、云存储。

本机存储最为简单，只需在摄像头机身插入存储卡即可实现，不需要占用网络带宽。缺点在于当摄像头丢失，录像也会丢失，且有可能泄漏，所以安全性不够强。

图 2-15　NAS

　　本地 NAS 或者硬盘录像机（NVR）存储的方式是将摄像头的视频数据记录在同一局域网中的 NAS 或者硬盘录像机中，占用局域网的带宽，摄像头丢失也不会导致录像丢失，但是需要增加 NAS 或者硬盘录像机，适合拥有 NAS 或者硬盘录像机的用户（见图 2-16）。

图 2-16　终端将数据存储到云上

　　云存储是将摄像头的视频数据实时上传至云服务器，需要占用家中宽带的网络带宽，同时因占用厂商服务器的存储空间，所以云存储一般需要付费。其优点在于存储数据的安全性，即使家中摄像头丢失，硬盘录像机损坏，也不会影响摄像头数据。

　　三种储存方式各有利弊，绝大部分智能摄像头也都支持两种或者三种存储方式。用户可以根据自己的需求选择一种或者多种存储方式。

录像的存储时间可以按照摄像头的码率和存储介质的容量来计算，在正常录像的情况下，以一台摄像头压缩后 1.5 MBit/s 的码率为例，一天的数据量为：1.5 MB × 24 h × 3 600 s=16 200 MB，也就是 16.2 GB，若使用 1T 硬盘，则可录制时间为：1 000 GB ÷ 16.2 GB=61.7 天。当然，开启移动侦测录像后，静止画面不会被录制，录像时间可大为延长。

当然，如果存储空间不足，对于本机存储来讲，可更换更大的存储卡；本地 NAS 或者硬盘录像机可通过增加硬盘或者更换更大容量硬盘的方式来提高存储空间；云存储一般情况下空间拓展能力有限，虽然可通过增加付费来获得更大存储空间，但是整体来看，存储空间是受到厂商限制的。

⑤　有线和无线

智能摄像头按照是否需要接入网线可分为有线智能摄像头和无线智能摄像头。有线智能摄像头需要专门布线连接摄像头和交换机。

一般情况下，摄像头可使用 POE 方式供电（见图 2-17），也就是一根网线，在传输数据的同时也给摄像头供电，这需要摄像头、交换机均支持 POE 功能，且交换机的 POE 供电能力可以满足（多只）摄像头的需求。若不具备 POE 供电条件，有线摄像头需要布置电源线和网线。有线摄像头的优势在于不占用 Wi-Fi 带宽，有线传输更为稳定。

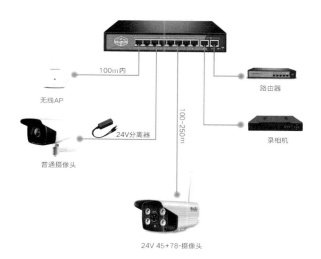

图 2-17　POE 供电示意图

无线摄像头只需接入电源，通过 Wi-Fi 方式连接网络，只要预留电源即可，安装使用都更为方便，但是要占用 Wi-Fi 的带宽，且传输稳定性略低于有线方式。

⑥ 移动侦测

移动侦测 → 是指摄像头可以自动识别抓拍画面中的移动物体，以实现安防报警、降低存储的数据量。目前主流的智能摄像头都具有移动侦测功能，且移动侦测功能的灵敏度可以设置。

在用于看家、看店、看宝宝等应用方面，移动侦测具有很强的实用性，配合一些软件还可以实现抓拍移动照片发送到手机 App 或者推送到微信等功能。

移动侦测目前存在的主要问题是容易被误触发，比如光影的变化、风吹导致的树木摇动、宠物的移动都可能触发移动侦测，所以一些智能摄像头推出了人形侦测功能，也就是其能侦测人形的移动物体，如此大大降低了误触发率，如图 2-18 所示。

图 2-18　人形移动侦测十分实用

有些带有云台的智能摄像头还具备移动追踪功能，就是在画面区域中发现移动物体，在移动到画面外时，可以控制云台旋转将移动物体锁定在画面内。此功能一定程度上扩大了云台摄像头监控的能力，虽然目前搭载此功能的摄像头不多，但有需要的朋友可以考虑。

⑦ 夜视能力

摄像头的夜视能力可通过两种途径实现：一是高灵敏度的传感器，也就是常说的星光级摄像头；二是使用红外补光灯。家庭常用的智能摄像头一般通过红外灯补光来实现，如图 2-19 所示。

图 2-19　摄像头的红外夜视成像

在夜晚或者亮度暗的时候，摄像头无法接收到足够的光线，就可以开启红外补光灯，因人类无法看到红外线，所以此光线不会对人产生影响，摄像头则可以将镜头前的红外滤光片自动移出来接收红外线以实现夜视。

在夜视功能下，因为摄像头监测到的画面是反射的红外线，所以物体的颜色信息丢失，录制的是黑白画面，但是移动侦测等功能都可以正常使用。

最大红外距离是夜视情况下的一个重要参数指标，主要表现摄像头在夜间能够看到多远范围内的物体。

星光级摄像头在亮度很低，甚至接近于 0 的时候依然能获得不错的画面质量和颜色信息，多用于专业监控系统。

⑧　语音对讲

智能摄像头一般都具有语音对讲功能，远程通过手机 App 即可看到摄像头画面和听到声音，同时将语音传输到摄像头处播放。

早期的语音对讲功能较弱，摄像头播放声音的能力较差，效果不好，但是现在市面上的主流产品在语音对讲方面已经非常实用了，对有此需求的朋友还是非常方便的。

⑨　户内户外

对于智能摄像头而言，虽然多数用于室内，但是也有许多用于室外的需求。需要注意的是，室外环境和室内环境对摄像头的防护要求是不同的，室内应用的摄像头一般不具备防水防尘的能力，所以不可以应用在室外。

室外的摄像头一般具备防水和防尘的能力，防护等级在 IP65 甚至更高，足以应对室外的雨、雪、灰尘等，当然其制造成本也更高，售价比同等性能的室内摄像头更贵，既可以应用在室外，又可以应用在室内，如图 2-20 所示。

图 2-20　户外摄像头要有更好的防尘和防水能力

⑩　摄像头安全性

在隐私受不到良好保护的今天，摄像头也更加加剧了隐私泄露的风险，爆出的摄像头遭到破解的情况也屡见不鲜，对于家居安防而言，摄像头的安全性是必须要保证的。

对于提高摄像头安全性，最为有力的手段就是加密传输，主流厂商的摄像头产品都具备加密传输的能力，在密码不丢失的情况下，安全性可以保证，但是一些比较廉价的早期产品则不具备加密传输能力。所以在选购的时候一定要注意购买具有加密传输功能的摄像头，同时要设置复杂密码，防止密码泄露。

在智能家居系统的设计中，对于智能摄像头的布置，目前并没有统一的标准，但是有几个原则是需要把握的。

1. 摄像头宜设置在走道、楼梯、客厅等公共区域，私密区域不宜设置摄像头。

对于家居场景，卧室、卫生间等相对私密的区域不宜设置摄像头。为了保证视频监视的效果，一般将智能家居用的摄像头设置在家中过道、门厅、楼梯、客厅等位置，特别是对于门口、过道、楼梯等出入必经的区域，设置摄像头可以起到更好的安防效果。

2. 如果对安全性有较高要求，可以使用智能插座等来控制摄像头电源。

大部分智能摄像头都有休眠功能，在家中有人不需要安防的时候，摄像头可以进入休眠状态。但是休眠后可以通过 App 等方式唤醒，所以一定程度上还有一些风险，此时可以使用智能插座来控制摄像头的电源，不需要安防的情况下直接断掉摄像头电源，从物理上防止隐私泄露。

对于一些有云台功能的摄像头，在关闭电源前可以设置摄像头自动将镜头移出敏感区域，然后断掉电源，效果更好。

3.　院子和车库等出入口设置室外摄像头，要求高时可两台摄像头对射。

对于别墅等大户型而言，院子和车库等出入口一般要设置摄像头，且多数情况下摄像头在室外运行，必须使用室外用的智能摄像头产品，防护等级必须高于 IP65。考虑到单个摄像头容易被破坏，在要求高的场合建议采用两台摄像头对射安装，如此可提高安全性。

户外摄像头因光线、风吹、雨雪等情况多，简单的移动侦测产生的误报警较多，建议采用具备人形侦测功能的产品。室外摄像头一般明装，指示灯开启，可以起到一定的震慑作用。

4.　室内智能摄像头尽量吊装。

智能摄像头一般均支持吊装，吊装一定程度上更为隐蔽，占用空间更小，且视野更宽广，如图 2-21 所示。

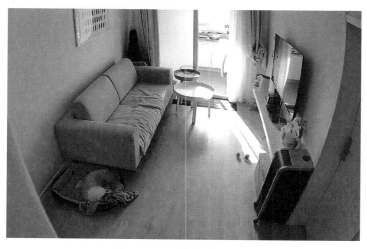

图 2-21　吊装摄像头视野

需要设置吊装摄像头的地方要提前设置电源。大部分智能摄像头均支持Wi-Fi 连接，可以不预留网线。

5. 无线智能摄像头数量多的情况下要考虑无线网络负载。

无线智能摄像头在正常运行时需要通过 Wi-Fi 发送接收数据，且摄像头为数据量较大的组件，对家中无线网络性能有一定要求，特别是对于使用云存储的用户，在多个摄像头的情况下，视频监视数据量较大，且数据传输在摄像头开启的情况下基本上一直存在（移动侦测录像数据量会随着画面变化而变化），这就要求家中的无线网络必须能达到较高的性能。

一般无线摄像头超过 3~5 个（分辨率越高，数量越少），采用普通家用百元级别的无线路由器就不能满足要求了，一般要采用 AC+AP 方式组网，以提高系统的稳定性和性能。

⬚⑪ 智能墙壁开关

智能墙壁开关的基本功能是控制相应灯光电源的开关，用于替代普通墙壁开关，如图 2-22 所示。

图 2-22　智能墙壁开关

智能墙壁开关主要分为单火线和零火线两种。零火线适用的灯具功率范围较大，从 0 ～ 2 000W 一般都可以，前提是要在墙壁开关的暗盒中预留零线。

零火线的工作稳定程度肯定更好，对灯具负载没有要求，适用于所有灯具，甚至包括排气扇、浴霸灯等其他用电设备。

单火线开关可以直接替换原来的墙壁开关，不需要零线，但是对灯具的功率有要求。一般单火线开关支持的灯具功率在 10W ～ 200W，个别技术更为成熟的产品，可以扩大到 3W ～ 800W。单火线开关采用单火线取电的方式为本身供电，其原理是在关闭时有一个微小的电流通过灯具，用于为单火线开关提供电源。

受限于单火线取电原理，单火线开关的稳定性比零火线差，同时对于功率较低的灯具可能因为此"微小的电流"发生关闭时"闪烁"现象。

──⑫　智能插座和多路控制器

智能插座 → 是智能家居里功能基础、应用广泛、价格便宜、使用灵活的组件。

智能插座可以通过 App、联动、定时等方式控制插在其上的设备的电源接通和断开。原理比较简单，即通过网络来控制智能插座内的继电器通 / 断，从而控制插座上设备的电源。

按照安装类型，智能插座可以分为独立式智能插座、智能墙壁插座和智能插排。

独立式智能插座需要插在普通插座上才能工作，使用比较灵活，价格便宜，适合后装，但是对家居装修效果会有影响。

智能墙壁插座是将智能控制功能直接集成到普通墙壁插座上，这种智能插座的安装方式和普通墙壁插座一样，都是直接安装在通用的 86 暗盒等底座上，外观和普通墙壁插座没有大的区别，适合前装，装好后不方便调整位置，但外观统一，不会影响家居装修的效果。

智能插排是将多个智能插座集合在一起，外观与常见的插排没有明显差别，可以同时或者单个控制其上的用电器（见图 2-23），适用于需要同时控制多个用电器的情况。当然，智能插排可以使用多个智能插座替代。

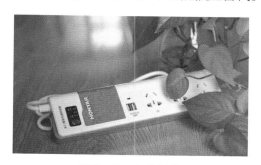

图 2-23　智能插排

除了 App、联动、定时等方式控制插在其上的用电器的电源以外，智能插座还具有电量统计、电费计算、过载保护等功能，对于部分使用 ZigBee 方式连网的智能插座，因其采用 220V 市电供电，还可作为自组网中继节点使用。

在安装使用中，智能插座应注意以下几点：

1. 智能插座上插入的用电器最大功率必须小于智能插座允许的最大功率。

这一点必须十分小心，如果用电器功率超过智能插座允许的功率，可能会烧毁智能插座，甚至引发火灾事故。对于一些智能插座产品，内部具有功率统计模块，具有过载保护功能，当监测到用电器功率大于允许功率时，会自动断掉电源，防止发生意外。

还要注意一点，有的电器标称的额定功率小于智能插座允许的功率，但是在启动瞬间或者某些工况可能超过智能插座允许的最大功率。例如，一些风暖浴霸在启动瞬间的功率明显高于额定功率，但是这一瞬间就会被智能插座监测到并关闭电源，导致设备不能通过智能插座正常开启。

2. 对于使用 ZigBee 方式组网的智能家居系统，若智能插座具有自组网中继功能，可以作为增加网络覆盖或者提高网络稳定性的中继节点使用。

ZigBee 支持自组网，但是可以作为自组网中继节点的组件一般需要电源供电，智能插座既有电源供电的条件，价格又相对较低，应用比较多，作为中继节点使用比较理想。

3. 全屋所有插座都用智能插座没有必要。

并不是所有插座都改成智能的才叫作智能家居，对于不确定其功能或者不方便直接用电源通 / 断控制的电器，可以不使用智能插座。

一般家庭装修需要安装的墙壁插座数量较多，全部使用智能插座成本较高，而仅仅对确定功能或者可以使用电源通 / 断来控制的设备使用智能插座可以很大程度上降低全屋智能的成本。

4、弱电柜、影音柜等需要控制的设备集中的情况下，更适合使用智能插排。

智能插排虽然相当于多个智能插座的作用，在智能家居网络中作为一个节点存在，但是当多个电器需要控制时，使用智能插排可以大大降低智能组件的数量，一方面降低成本，另一方面也可以降低系统的复杂性。

多路（双路）控制器，也称为多路继电器模块，其原理本质上和智能插座类似，也是通过控制继电器控制电源或者开关的通 / 断从而控制其连接的设备。

与智能插座的区别是：多路（双路）控制器一般隐蔽安装，小体积的在配电箱、86 底盒等区域直接接线安装即可。

大体积、路数较多的一般采用机柜安装。同时，多路（双路）控制器一般具有更灵活的功能和更多的接线端子，在输入端不接入电源的情况下，也可以作为开关使用，所以多路控制器的用法比较多。

在实际使用中，多路（双路）控制器既可以控制各种灯具，也可以控制风机、电动卷帘等各种用电器，特别是对于一些具备"互锁"功能的双路控制器，可以方便地用来控制卷帘电动机、车库门电动机、幕布电动机的上行和下行，使用非常广泛。

在智能家居的设计中，对于常见的电动窗帘电动机、车库卷帘门、电动幕布、通风机、不方便安装开关的灯具等都可以使用多路（双路）控制器来控制以接入智能家居系统。对于使用干接点控制的设备，也可以使用多路（双路）控制器来控制。

在设计安装中，需要注意的是多路（双路）控制器的最大功率，任何超过最大功率的设备都是不允许使用的。与智能插座不同的是，多路（双路）控制器带的负载会比较多，一定要注意每一路的最大功率和总体的最大功率都不能超过控制器的标称值。

⑬ 智能遥控器

智能遥控器→ 又称红外转发器、智能红外遥控器，是智能家居系统的基础组件，其功能是控制通过红外遥控来控制的电器设备，如电视、CD 机、功放、空调等。

红外遥控是一类应用比较广的控制方式，目前多数支持遥控的传统家电均使用红外遥控。红外遥控具有成本低、实现容易、技术成熟、控制方便的特点，但因为红外遥控采用不可见的红外光，如果遥控器和被控设备之间有遮挡，则会减弱控制效果，甚至导致不能控制。

所以红外遥控器一般具有指向性，要面向被控设备遥控接收器的方向操作，且不能有阻挡。

智能遥控器一般使用多个红外发射器组成全方向的红外发射组件，即可以向四面八方发射红外控制信号，只要没有明显遮挡，控制信号就可以抵达被控设备，如图 2-24 所示。

图 2-24　智能红外遥控器

　　红外遥控设备使用的控制信号可以通过学习的方式加入智能遥控器，对于一些常用的大品牌电器，如空调、电视等使用的固定红外控制信号，一些智能遥控器通过内置或者直接从网络上下载的方式实现控制，从而实现对各种电器的控制能力，且成本较低，应用也非常广泛。

　　使用智能遥控需要注意的有以下几点：

　　智能遥控发射的红外控制信号虽然是全方向的，但是其依然可能被阻挡而影响控制效果，所以智能遥控只能应用于单个房间，且要放置在相对开放无遮挡的位置。

　　智能遥控使用的红外光信号容易被太阳光干扰，在室外效果大打折扣，在被太阳直射的地方也会受到一定影响，所以智能遥控组件要避开太阳光的直射。

　　智能遥控的红外 LED 发射管在内部，外部的材料需要透过红外光，一般选择深红色、紫色的透明塑料材料。这种材料在日常光线情况下从外部看呈黑色，所以智能遥控组件一般设计为通体黑色或者局部需要透光的区域为黑色，在与家居设备搭配时要注意此颜色问题。

　　红外遥控是一种单方向的控制方式，一般不具备状态反馈的功能，所以使用智能遥控控制的设备，在对可靠性要求高的情况下，要通过其他方式将设备工作状态反馈到系统中。

　　除基于红外的智能遥控外，还有使用射频技术的智能遥控，也有一些产品同时集成了智能红外遥控和射频遥控，例如博联的 RM-pro，如图 2-25 所示。

图 2-25　博联的 RM-pro

相对于红外遥控，射频遥控具有衍射能力更强、传输范围更大、不受太阳光干扰、没有方向性的特点，在卷帘门、幕布、电动窗帘、庭院门等方面应用比红外更广泛。

当然，绝大部分射频遥控也是单向的控制方式，一般不具备状态反馈功能。

在使用基于射频的智能遥控组件时要注意以下几点。

（1）智能射频遥控一般具有发射天线，此天线的发射信号能力与天线的长度有关，因此要尽量将天线长度设置为对应发射频率的长度，可以增大智能射频遥控的覆盖范围。

（2）智能射频遥控虽然不具有方向性，不需要面对面，但是其遇到金属网等屏蔽能力较强的介质时依然会有较大的衰减，因此要尽量避免在传输通道上有较大范围承重墙等内部具有金属网或者类似介质的情况。

⑭　空调控制器

空调控制器➡ 用于控制空调系统工作。家用常见的空调系统主要为分体式空调和中央空调，分体式空调一般采用红外遥控控制，中央空调一般采用墙壁温控面板配合红外遥控的方式控制。

不同的控制方式对空调控制器的要求不同。

普通分体式空调，可以采用红外遥控器控制，但是空调的红外遥控信号比较复杂，无法直接学习，且单纯使用红外遥控的方式控制无法获取设备的真实工作状态。

所以，多数智能家居厂商都开发了专门用于控制分体式空调的空调控制器（或称空调伴侣，见图 2-26），此种空调控制器一般内置市面上大部分空调品牌的红外遥控信号格式，空调的电源直接插在空调控制器上，空调控制器在发射红外控制信号的同时，通过对空调工作电流的监测来判断空调的工作状态，实现一定程度上的状态反馈，提高了控制的可靠性。

图 2-26　空调伴侣

对于中央空调而言，普通的分体式空调可以使用的空调控制器依然可通过红外遥控的方式控制中央空调，但是中央空调一般走专用的电源线路，所以空调控制器无法直接获取空调的实时电流，无法反馈空调的工作状态。

为此，很多智能家居厂商专门为中央空调设计开发了专用的中央空调控制器。

中央空调控制器根据中央空调类型的不同分为多种，温控器也可以作为一种中央空调控制器使用。对于常见的氟系统的中央空调，其控制器一般采用 485 等总线方式直接连接到中央空调的室内机或室外机以实现对整个中央空调的控制。

⑮　温控器和新风控制器

温控器的功能是控制地暖、电加热、空调等设备的运行。这里所说的温控器不包含上面所讲述的空调控制器。

对于部分水系统的中央空调、水地暖系统、电采暖等系统，使用温控器控制较为方便（见图 2-27）。除此之外，温控器也可以用来控制其他需要控制温度的设备，如燃气壁挂炉、电加热器等。

图 2-27　温控器

新风控制器主要用于控制新风系统的风量等功能，目前市面上专门用于新风系统的智能控制器并不多见，但可以预见不久的将来，随着新风系统的普及，新风系统控制器组件也会不断丰富起来。

⑯　智能电动窗帘机

智能电动窗帘机的功能是控制窗帘的开启和关闭，其原理是通过电动机驱动滑轨中的滑车，拖动窗帘实现窗帘的关闭和打开。

智能电动窗帘机是智能家居的基础组件，几乎每家智能家居厂商都有电动窗帘组件（见图 2-28）。电动窗帘除了支持联动控制、App 控制等功能外，还支持手动打开或关闭，也就是当电动窗帘机检测到用户手动拉开或者关闭窗帘时可以配合用户自动拉开或者关闭窗帘，用户只需开个头，剩下的就由窗帘机自动完成。

图 2-28　智能电动窗帘机

智能电动窗帘机因需要的动力相对较大，所以一般采用交流电源供电，附近需要留电源插座或电源线路。对于不方便改动电源线路的家庭，也有部分厂家推出了电池供电的智能电动窗帘机供选用，但是因为电动窗帘耗电量较大，一般采用能量密度较高的锂电池进行供电，其体积也相对一般交流220V供电的产品更大。

智能电动窗帘机因需要与窗帘配合，所以在实际使用中要注意标称的拉力与窗帘的匹配，选择长度、重量适中的窗帘。另外需要注意的是，对于使用220V交流电的电动窗帘产品一定要在附近预留电源。

⑰ 智能门锁

智能门锁是目前普及比较广泛的智能家居组件，也是目前智能家居系统中为数不多的能够识别具体用户的组件。

智能门锁的基本功能是通过多种方式上锁或者开锁，如蓝牙、门禁卡、指纹、虹膜等，同时作为智能家居的组件，智能门锁还可以联动其他设备，这是智能门锁相对于普通门锁最大的优势。

除此之外，智能门锁还具有未授权进入的报警功能，当锁具被暴力拆除或者遭受其他故意损坏时能够通过声光等方式报警，同时推送信息给用户。

智能门锁还可以记录开锁的时间和人员（或者设备），帮助用户积累相关数据，这些数据可能在后期拥有重要价值，如图2-29所示。

图2-29　智能门锁

智能门锁有安全性和可靠性两个重要的属性。安全性方面，虽然有许多新闻消息爆料智能门锁存在的安全性问题，但是智能门锁的安全性还是普遍高于普通门锁的，目前存在的主要问题也是在一些比较极端的条件下，如极冷或者高温，强磁性干扰或者早期低端产品使用光学指纹模组出现安全性问题。

可靠性方面，由于门锁一旦发生故障，导致的后果比较严重，这一方面是门锁本身的质量；另一方面是厂家的售后服务。这两者都需要在选择智能锁时认真考虑。

智能锁在安装阶段要注意以下几个问题：

第一点　确定开门方向，常见的开门方式有四种：右内开、右外开，左外开、左内开。左右是指在室外向室内看的开门方向，对不具备左右换向的智能锁，必须要明确开门方向，如图 2-30 所示。

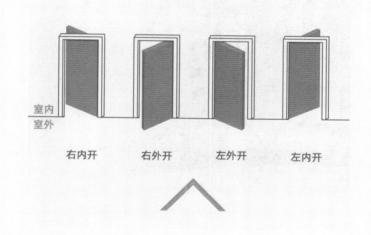

图 2-30　确认开门方向和方式

第二点　确定锁体类型，市面上大部分门锁都支持标准锁体，但是对于霸王、王力等品牌采用的特殊锁体，则需要改造或者做其他适配，当然也可能产生额外费用。

第三点　门的类型，包括门的类型、厚度、是否具有天地钩等，这些都要在选购智能锁时提供给商家参考。

目前在智能家居系统的各个组件中，能够识别具体用户身份的并不多，而智能门锁是其中比较方便和广泛的，所以目前基于用户的定制功能，比如，为家中男主人回家自动播放音乐、女主人回家自动开启浪漫灯光模式等都是基于智能门锁对用户的识别。

⑱ 智能音箱

智能音响是目前广泛使用的接口设备，其技术原理并不复杂。硬件上主要是主控板、通信组件、麦克风阵列、扬声器以及按键、灯光指示等，硬件构成和普通手机、平板等产品类似，有处理器、内存、Flash 存储、Wi-Fi 通信芯片等。

不同的是，智能音箱更专注于语音处理，麦克风更多，构成了阵列；音箱扬声器更多，音腔更大，音质更好，如图 2-31 所示。

图 2-31　智能音箱

从软件上来讲，智能音箱对人类说出的自然语言进行处理，然后发出相应控制指令或者给出语音反馈。软件主要包括语音检测（VAD）、降噪、唤醒、识别（ASR）、理解（NLU）、产生语言（NLG）、合成语音（TTS）。

语音检测用于判断是否有人类的语言，如果检测到人类语言，就对这部分信号进行降噪（包括回声消除 AEC、声源定位 DOA、波束形成 BF）处理，然后识别其中是否有唤醒词，如果没有则丢弃，如果有则进入交互状态。

交互状态主要包括识别（ASR）、理解（NLU）、产生语言（NLG）、语音合成（TTS）。其中，识别（ASR）和理解（NLU）主要依靠云服务，也就是智能音箱将这部分语音信号处理后发送给后台云服务，然后进行识别，识别后的语音信号就变成了字和词，对这些字和词进行分析识别，就理解了用户的意图。

理解意图后就可以发送一些控制信号、搜索相关信息、查找相关内容，然后产生应答的语言，再通过语音合成变成自然语言由智能音箱的扬声器输出，如此完成交互过程。

智能音箱作为目前最为理想的人机接口，几乎是每套智能家居系统都必须配备的。为了获得更好的语音控制体验，用户可以使用多个智能音箱，设置为距离最近的智能音箱响应用户的唤醒，实现全宅任何位置的语音交互，获得的体验还是非常棒的。

⑲ 智能墙壁面板

起初的墙壁面板不过是墙壁开关、墙壁插座、空调控制器等固定在墙壁上的接口或者开关，在最初的智能家居系统中，它们成为智能墙壁开关和智能墙壁插座等组件，但是随着智能家居的发展，墙壁面板逐渐从开关和插座的基本功能扩展开来，成为新的智能家居入口或者终端。

从墙壁面板的分布可以看出来，它在家庭中特别广泛，每个房间都有墙壁面板，而正是这种广泛的分布和方便的操作，让智能墙壁面板可以通过嵌入触摸屏、语音模块等接口设备而演变成一种智能家居的新的分布式人机接口设备，如图 2-32 所示。

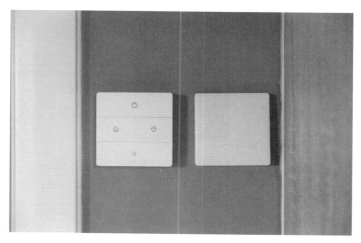

图 2-32　智能墙壁面板

智能墙壁开关目前主要分为单火线墙壁开关和零火线墙壁开关，前者只需要一根火线即可工作，通过单火线取电技术获取电源供智能开关内部使用，但是存在负载功率受限制的情况。也就是说，在单火线取电技术的前提下，单火线墙壁开关所带的负载不能超过某一个功率，也不能低于某一个功率。

目前市面上大多数单火墙壁开关所带负载的最小功率一般不能低于5～10W，最大功率一般不高于100～200W，功率范围也与灯具类型有关，普通白炽灯、LED灯、日光灯等要求都不同，同时单火线墙壁开关的工作也不够稳定。但是，其优势在于可以直接替换普通的墙壁开关（普通墙壁开关底盒内没有零线）。

零火线墙壁开关需要在开关底盒中预留零线，如此有了比较完善和稳定的供电，所以其对开关所带的负载没有严格要求，只要小于输出继电器的最大负载即可，适用于0～2 000W的各种灯具。也就是说，市面上绝大部分灯具都可以使用零火线墙壁开关直接控制。

当然，零火线墙壁开关不仅能控制灯具，只要功率满足要求，包括通风机、浴霸、排风扇、晾衣架等设备都可以控制。

零火线墙壁开关在最初安装时必须预留零线，在装修过程中的电路改造阶段为所有的墙壁开关底盒增加零线，更适合在装修阶段就考虑智能家居的家庭。

智能墙壁插座可以认为是智能插座的另一种形态，其技术本身和本节讲述的智能插座完全一样，不过是安装方式和外形不同而已，如图2-33所示。

图 2-33　带屏幕的智能墙壁面板

随着近几年智能家居的快速发展，墙壁面板的功能不断扩充，不仅智能墙壁开关的按钮功能可以软件设置，还可以通过增加触摸屏作为整个智能家居系统的控制终端，目前市面上已经有很多厂家推出了类似的产品，获得了不错的反响。

而智能面板的广泛分布也让智能面板作为语音终端有了良好的基础，目前也有几个厂家推出了安装在智能面板上的语音接口，这些语音接口可通过对声音信号的处理来判断用户距离哪个面板更近，让此面板去响应用户的需求，反馈状态给用户，一定程度上具备了智能音箱的功能，虽然目前市面上产品并不多，但是这是一个不错的方向。

⑳ 无线按钮、开关等控制组件

几乎每个厂家的智能家居系统都有无线按钮、无线开关之类的小控制组件，这类组件是用户的操作接口，如小米的无线开关、魔方控制器等。这类组件的共同特征是功能简单、使用方便、灵活性高、成本较低，实际体验不错，可以作为智能音箱、智能面板等控制方式的补充，如图 2-34 所示。

图 2-34 智能无线开关

以小米的魔方控制器为例，它可以说是小爱同学的一个好助手，因为它可以通过翻转、轻推、摇晃等不同的动作来控制智能家居系统。可以说他是小爱同学的一个补充方案，正常情况下用小爱同学，在不方便说话的情况下可以使用魔方控制器。

设置整套智能家居系统时，可以根据需要购买几个魔方控制器，放在一些不方便说话的房间使用，比如，有婴儿的房间或者影音室（声音太大，说话小爱同学也听不到）。

2.2　软件方面知识

智能家居软件方面的基础知识主要是理解场景和自动化。

场景是指一系列设备状态的总和，这个所谓的设备状态可以是有时序（时间顺序）的，也可以是没有时间顺序的，这两者在 App 中并没有明显区别，需要用户在设置时通过延时来实现，例如以下场景。

客厅灯光柔和 这个场景包括客厅主吸顶灯亮度 60%、打开客厅灯带、关闭客厅射灯、打开客厅落地灯。很明显，在这个场景中，所有的设备执行的顺序并没有明确的要求，先开哪一个灯都可以，这种场景就是没有时序的场景。

影院模式 这一场景需要依次执行，打开影音电源、放下投影幕布、打开投影机、打开音响、打开播放机、关闭窗帘、关闭所有灯光、切换音频输入、切换投影机视频输入。很明显，在这个场景的执行过程中有顺序要求，在没有开启影音电源的情况下，不能打开投影机、音响等设备。

同时，有一些设备的启动都是需要时间的，如投影机、音响等，设备通电后并不能直接控制，要等设备完全启动完成后再开启控制，比如投影机在没有完全启动时，无法切换投影机的视频输入。

所以在这个场景中，要加入适当的延时让整个系统的执行有时间顺序。

设置场景如下：

打开影音电源、延时 3 秒；

放下投影幕布、延时 1 秒；

打开投影机、延时 1 秒；

打开音响、延时 1 秒；

打开播放机、延时 3 秒；

关闭窗帘、关闭所有灯光、延时 5 秒。

切换音频输入、切换投影机视频输入。

自动化（称联动）是指满足什么条件，执行何种指令。也就是若 A 则 B，如图 2-35 所示。

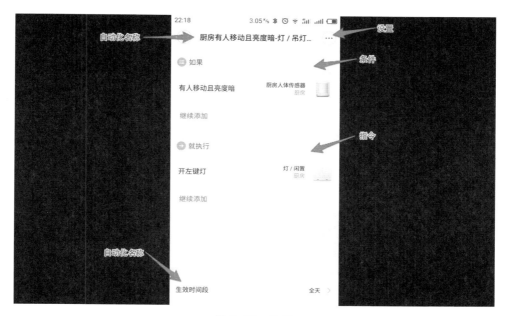

图 2-35　设置

当然，此处的 A 可以是一个条件，也可以是同时具备多个条件（A1 且 A2），或者多个条件满足其中一个（A1 或 A2 或 A3）。

B 可以是控制某一个设备，也可以是执行某个场景，或者是执行一系列的控制（执行 B1，B2，B3 等），甚至可以包含某些自动化的开关。同时，对于此自动化的生效时间一般都是单独设置的。

例如：

若（A1 客厅光线暗）且（A2 客厅有人），则（B 打开客厅灯光）。

若（A1 客厅温度高于 27 度）且（A2 客厅湿度大于 70%），则（B1 打开客厅空调）（B2 调整客厅空调为除湿模式）。

以上两个例子为自动化的初级应用，自动化通过不同的设置可以实现很多有意思的功能，比如通过以下几个场景和自动化来实现一个无线开关控制客厅所有灯光的照明模式。

自动化 1：按下无线开关按钮 X，则执行场景 1。

自动化 2（默认关闭）：按下无线开关按钮 X，则执行场景 2。

自动化 3（默认关闭）：按下无线开关按钮 X，则执行场景 3。

场景1	客厅灯光柔和（主灯亮度60%、开启灯带、关闭射灯、打开落地灯），关闭自动化1、关闭自动化3，开启自动化2。
场景2	客厅灯光最亮（主灯亮度100%、开启灯带、开启射灯、打开落地灯），关闭自动化2、关闭自动化1，开启自动化3。
场景3	客厅灯光全关（主灯关闭、关闭灯带、关闭射灯、关闭落地灯），关闭自动化3、关闭自动化2，开启自动化1。

通过以上场景和自动化的设置，可以实现按一下按钮X为客厅灯光柔和，再按一下为客厅灯光最亮，再按一下为客厅灯光全关。

目前，场景和自动化是智能家居主要的工作方式，虽然现在人工智能很发达，系统可以自己学习用户习惯，但是实际上，目前AI在智能家居领域的应用还不够广泛，AI肯定是以后智能家居的发展方向，目前的智能家居基本上还是依靠场景和自动化来实现的。

不过，有场景和自动化的出现，已经让整个智能家居系统的控制足够方便快捷。在使用智能家居系统时，一定要有场景和自动化的意识，如灯光控制，不要去依次控制某一路灯光，而是要将 灯光做成场景（参考前面介绍的客厅灯光柔和场景），通过场景去控制所有灯光。

2.3 其他必要知识

① 云计算和边缘计算

云计算是一种利用互联网实现的随时随地、高效快捷的运算模式。在智能家居领域，云计算应用较广泛。多数智能家居的控制需要云计算的支持，特别是语音服务，更是需要云计算的加持才能实现。云计算就像天上的云，不论你在何方，只要抬头（接入互联网），就能看见，如图 2-36 所示。

图 2-36　云计算

云计算让计算更为集中，让大数据的积累也更为便捷，方便用户随时随地存取。例如，我们使用的智能手机中的智能家居 App 可以在任何地方控制家中设备，但是云计算不是万能的，它也存在以下一些问题。

需要互联网的支持。云计算必须在网络连接稳定的情况下才能稳定工作，在互联网服务不稳定或者断开时，云计算不稳定或者不可用。对于智能家居来说，就是当用户家中网络不稳定或者断开时，很多智能家居的应用都会出现问题，语音入口更是无法正常工作。

成本高，效率低。云计算距离用户端更远，用户数据需要通过互联网发送至云计算平台，计算结果需要返回至用户端，整体占用的流量和算力都比较大，整体效率偏低，时延比较大。在用户看来就是从指令发出到执行间隔的时间比较长。

而边缘计算和云计算的中心思维不同，边缘计算的计算节点更靠近用户端。

如果以人体作类比的话，云计算就相当于大脑，人体的各部分受到的刺激经过神经传入大脑，大脑做出决定后再通过传出神经去控制肌肉或者其他执行器官执行；边缘计算则相当于脊椎，虽然处理能力有限，但是可以快速反应，如膝跳反射。

所以两者不是互相替代的关系，而是一种协调配合的关系，或者说边缘计算是对云计算的一种补充和优化，如图 2-37 所示。

图 2-37　边缘计算与云计算

边缘计算更靠近用户端，传输路线更短时延更短，效率更高，且不需要互联网的支持，整体来看成本也更低。当然，一般情况下，边缘设备的资源有限，不像云计算一样有巨大的资源，所以边缘计算的算力相对于云计算要更低，对大量数据的处理能力也比较差。

在智能家居方面，边缘计算应用更为广泛，如智能家居的网关组件，就可以认为是一种边缘计算。

对于在同一网关内的智能组件，网关可以处理这些组件收到的信息并根据用户设置或者习惯做出决策，控制执行组件执行相应动作。对于能够实现边缘计算的智能家居组件，部署在边缘计算上的自动化功能，在用户的外网断开时，依然是不受影响的，这就避免了因用户断网造成的智能家居系统瘫痪问题。

目前，虽然各大智能家居厂商的智能家居系统都有一定的边缘计算能力，但是总体来看，智能家居系统对云计算的依赖还是很强的。例如同一个家庭的多个网关之间，有的在断网的情况下依然不具备联动能力，这也是边缘计算能力不够强的一种体现。

第 **3** 章

一套典型的智能家居系统解析

（这是一套比较基础且典型的智能家居系统，我们通过它来认识一下智能家居。）

3.1 系统概述

使用者情况：本章的实例为一套 100 平方米两室两厅一卫户型，两室分别为主卧和次卧，两厅为客厅和餐厅，业主为新婚，还没有孩子。

户型图如图 3-1 所示。

图 3-1　户型图

智能家居系统如下。

智能家居系统主要包括智能影音系统、智能灯光系统、智能安防系统、环境控制系统以及智能厨房系统。业主采用以绿米为主的小米智能家居组件，语音入口采用小米 AI 音箱小爱同学，在客厅和主卧各设置一台。

另外还采用部分来自小米生态链公司的产品，如 Yeelight 灯具、小米净水器等。

具体电器如下。

用户采用分体式空调，主卧和次卧各有一台 1.5P 壁挂式空调，客厅和餐厅连接，共用一台 2.5P 壁挂式空调，三台空调各使用一台空调伴侣控制，同时空调伴侣作为网关使用；

另外，在餐厅增加一只米家多功能网关，用于连接餐厅、厨房、卫生间的智能组件。在客厅设置一台双频无线宽带路由器，提供全屋的 Wi-Fi 覆盖。

3.2 影音系统

此户型面积中等，没有专门的影音室，所以影音系统部署在客厅，包括一台 55 寸液晶电视、一台投影机、一套 120 寸幕布、一台功放、一套 5.1 音响。

其中，液晶电视、投影机、功放均使用红外遥控控制，采用小米的智能红外遥控组件，完成这些设备的接入。

120 寸幕布为手动开关控制升降，使用小米的双路控制器改造后实现自动升降。

播放源为电视机顶盒和硬盘播放机，两者都可以通过红外遥控控制。

影音系统实现了一键进入 / 退出电影（电视）模式，对小爱同学说"我要看电影"，系统会自动放下幕布、打开投影机、开启音响、关闭灯光、关闭窗帘；对小爱同学说"我要看电视"，系统会自动打开电视、打开音响并将音响的音源输入改为电视的音频。

如果业主夫妻都是喜爱看电影的人，每次吃完晚饭，只要有空，就会进入影院模式，观看电影。未使用智能家居前，仅仅开启这些设备，至少需要 5 分钟时间，而有了智能家居系统，只需一句话，就可以坐在沙发上选择影片了。

3.3　照明系统

照明系统主要由绿米墙壁开关配合 Yeelight 的部分可调光灯具实现。

由于业主在装修时在墙壁开关底盒中预留了零线，所有墙壁开关均使用零火线墙壁开关。

客厅、餐厅、主卧、次卧、阳台的主灯均为 Yeelight 的可调光吸顶灯，可以调节灯光的亮度、色温等。在主卧床头、客厅沙发、卫生间隔板下等处使用 Yeelight 彩光灯带，可以控制灯带的亮度、颜色和色温，如图 3-2 所示。

图 3-2　Yeelight 彩光灯带

在实际使用中，所有吸顶灯的电源通过绿米的智能墙壁开关控制，回家模式会将所有吸顶灯电源打开，离家模式会将所有吸顶灯电源关闭。控制吸顶灯电源的绿米智能墙壁开关的按钮转成无线开关，不再控制吸顶灯电源，而设置为通过灯具控制吸顶灯的开 / 关。

其余筒灯和卫生间、厨房吊顶灯均为普通灯具，直接采用绿米智能墙壁开关控制灯具的开关。

通过以上改造，配合每个房间设置的人体传感器，实现了人来灯亮、人走灯灭的灯光跟随，同时还可以通过设置吸顶灯、灯带的不同亮度和色温实现全屋的不同照明模式，而所有灯光的开关、照明模式的切换，都可以通过对小爱智能音箱说出指令来实现。

通过灯带和吸顶灯的亮度调节，还实现了睡眠模式下低亮度，日常情况下高亮度，光线更加柔和，避免刺眼。

3.4　安防系统

安防系统主要由智能门锁、门磁、人体传感器、摄像头组成。智能门锁和门磁安装在入户门处。人体传感器安装在各个房间，其中因客厅区域较大，对角设置两个人体传感器。

摄像头采用米家小白，设置在客厅，可以看到客厅、餐厅和过道以及入户门，通过智能插座控制，如图 3-3 所示。

图 3-3　米家小白智能摄像头

离家模式由智能门锁的上提反锁或者对小爱同学说"再见"触发，也就是业主离开家并上提反锁智能门锁时，启动离家模式，进入警戒状态。

在离家模式，门磁、人体传感器进入警戒状态，智能插座控制摄像头电源打开，并开启移动侦测，监测房间情况。如果有非法闯入就会及时提供报警信息推送到手机 App，同时录制画面。回家模式自动切断摄像头电源，避免隐私泄露；同时门磁、人体传感器解除警戒状态。

除此以外，烟雾传感器、天然气传感器和水浸传感器提供火灾、燃气泄漏和漏水的警戒。厨房和客厅各设置烟雾传感器，监测到烟雾立即大声报警并推送到手机 App；天然气传感器设置在厨房，有天然气泄漏时会自动开启由智能插座控制的油烟机并联动网关报警，同时推送信息到手机 App。

水浸传感器设置在卫生间和厨房门口，这些区域平常是干燥的，而当下水道堵塞或者用户忘记关水龙头导致溢出时，会联动网关报警并推送到手机 App 提醒用户注意漏水。

3.5　环境控制系统

环境控制系统包括空调、地暖、湿度控制、新风和窗帘控制。

业主使用三台分体式空调，空调通过空调伴侣接入智能家居系统，同时客厅、主卧设置了温湿度传感器，当温度高于或者低于舒适值时，会在人体传感器感应到有人移动时开启空调以将温度控制在舒适的范围内。

冬季地暖控制，采用绿米的温控器，由于户型中等，全屋地暖未分区域控制，使用一台绿米温控器控制实现了接入。

湿度控制采用温湿度传感器配合加湿器的方式实现，加湿器使用智能插座控制，当监测到湿度低于舒适湿度且有人移动时，自动开启加湿器增加室内湿度，当湿度达到舒适程度时自动停止加湿。

新风系统采用米家新风机，安装在阳台，配合各房间的空气净化器使用，如图 3-4 所示；同时在阳台和厨房各设置一台推窗器，在空气质量较好时直接开窗通风，在空气质量较差时使用新风机通风。空气净化器在感应到有人的情况下自动开启，保证室内一直有良好的空气质量。

图 3-4　米家新风机

窗帘控制采用绿米智能窗帘机实现，主卧、客厅、阳台遮阳的窗帘全部使用智能窗帘，在日出时自动拉开窗帘，日落时自动关闭窗帘，同时还配合影院模式实现窗帘的自动开启和关闭。

3.6　其他系统

除以上各系统外，业主还实现了和楼下车库的联动。车库门采用卷帘电动机，其控制器采用 433MHz 射频遥控，因小米万能遥控器不具备射频遥控功能，无法直接控制车库门。

业主增加了红外射频遥控转换组件，并通过智能插座控制转换组件电源，在需要开关车库门时先接通转换组件电源，然后发送红外开关车库门指令，经转换组件转换为射频后，即可开关车库门。

同时，配合小爱音箱，可以实现一句话开车库门，开车库门的同时播报到公司的路况，用起来非常方便。

3.7　系统扩展

新婚家庭的二人世界固然浪漫，但是可爱的孩子很快就会来到这个幸福的家庭。这套系统在日常照顾孩子方面，也是非常方便的，如图 3-5 所示。

图 3-5

① 语音控制

日常生活中，语音控制可以很大地方便生活，在照顾宝宝的过程中，语音控制能起到更大的作用。

场景1	宝宝睡醒后，从卧室抱出来，但是客厅的射灯开着。我们都知道，射灯对宝宝是非常不友好的，小月龄的宝宝大部分时间都是躺着，即使抱着也更多的是半躺的姿势，所以只要宝宝进入某个房间，这个房间的射灯都需要关闭（包括一些亮度很高的吸顶灯），不然宝宝的眼睛会受到很大的刺激。有了语音控制，只需一句"关闭客厅射灯"。OK 了，这种体验可是比抱着宝宝再去按开关方便得多了。
场景2	准备给宝宝洗澡，当把宝宝放进浴缸时，忽然想起来，空调还开着制冷呢，正常情况下，你要起来擦干净手然后找到空调遥控器关闭空调，有了语音控制，一句"关闭空调"就搞定了。
场景3	抱着宝宝去阳台看风景，忽然想起来阳台的通风机还开在最大功率，这时候如果没有语音控制，你可能需要放下宝宝，关闭通风机，然后再抱起宝宝过去，有了语音控制，对着智能音响说一句"关闭阳台通风机"即可。忽然发现阳台的窗纱还没打开，没关系，再来一句"拉开阳台窗帘"，宝宝就可以愉快地看风景了。

类似的场景还有很多很多，所以，语音控制让你在抱着宝宝或者其他不方便操作的情况对家居设备轻松控制。

②　摄像头与移动侦测

初为人父母，肯定会想着随时随地看到宝宝，所以，摄像头就可以发挥作用了。

例如，在宝宝的小床上设置固定方向的摄像头，然后在客厅设置云台摄像头。宝宝睡觉的时候可以通过宝宝床的摄像头看到，而宝宝玩的时候则可以通过云台摄像头看到，不论是出差还是上班，不论是在家还是在外，想看宝宝随时可以看，还可以把实时视频分享给宝宝的爷爷奶奶姥姥姥爷。

除了这些作用，摄像头还有很多用法，比如宝宝一个人在婴儿床上睡觉，大人在客厅，这时候则可以直接把宝宝床上的摄像头画面投到客厅电视，不用去卧室看宝宝，也能随时看到宝宝的动向，宝宝只要哭闹，随时就能听到、看到。

配合移动侦测功能，你甚至可以不去看画面，当宝宝睡醒哭闹的时候，摄像头的 App 可以直接推送信息给你，也可以通过微信推送信息给你。也就是说，当你看到一个一个的移动侦测信息过来了，那就说明宝宝醒了。

③ 适合宝宝的智能联动

在没有宝宝的时候，其实各种联动方式都是舒适浪漫的，但是有了宝宝，就要非常注意，比如不能突然打开灯，因为可能会让宝宝的眼睛不舒服，也不能突然打开空调，因为宝宝可能无法适应快速的温度变化……本书总结了如下联动方式。

联动1	自动窗帘，设置很简单，就是日出拉开窗帘，日落关闭窗帘。几乎很多宝宝的生活习惯都是日出而醒日落而睡，有了自动窗帘，宝宝就可以轻易地建立良好的生物钟，睡得更踏实，玩得更痛快。
联动2	联动呼叫。这个设置非常简单、实用。把卧室无线开关的长按功能设置为客厅网关播放铃声，当宝宝妈妈和宝宝在卧室休息的时候，一旦需要帮助，只需长按无线开关即可。客厅的保姆和其他人听到就可以直接去卧室帮忙，这样可以避免大声呼唤吵醒宝宝，有点类似于医院的呼叫按钮。卧室的无线开关，可设置为单击开关床头灯，双击开关空调，长按呼叫。
联动3	电视和摄像头画面语音切换。前面介绍过，把摄像头的画面投到客厅电视上，方便大人随时掌握孩子的动向。但是电视本身的功能也不能丢失，可设置两个场景：看宝宝和看电视。当对智能音箱说："看宝宝"时，智能遥控控制设备自动将婴儿床摄像头画面投射到客厅电视上；而当宝宝不在婴儿床的时候，对智能音箱说："看电视"，将电视的信号源切换为机顶盒，就可以方便地看电视了。
联动4	即使抱着宝宝，只要说一句："音乐"，功放和 CD 的电源就会打开，然后播放 CD，有时候播放儿歌，也有时候播放自然环境的声音，如大海、森林、各种鸟儿、下雨等声音，甚至可以播放白噪声来帮助宝宝入睡。

④ 环境控制系统

当照顾宝宝时，可以对一般温度、湿度的智能控制系统进一步优化，如图 3-6 所示。

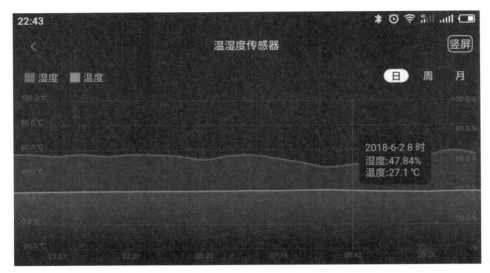

图 3-6　温湿度传感器的界面

优化1：空调控制温度时，风量一定要低，不能直吹到宝宝，所以，所有空调开启后都要把风速调整为最低。

优化2：当室内湿度过高时要调整空调为除湿模式，而室内湿度偏低时要及时开启加湿器。宝宝对湿度很敏感，湿度过高，宝宝容易烦躁不安，而湿度偏低，宝宝就容易嗓子发干咳嗽，所以对于宝宝来讲，50% 上下浮动 10% 的湿度范围是很理想的。

⑤ 无声控制

正常情况下控制完全可以通过智能音箱实现，但是当宝宝睡着了怎么办？

那也很好办，以小米的魔方控制器为例，可以设置各种动作对应的联动，比如翻转一下关闭灯光，轻推一下拉上窗帘等，都非常方便，在宝宝需要安静环境的时候，轻松实现各种控制。

第 4 章

小白玩转智能家居

（我什么也不懂，怎么玩转智能家居呢？）

4.1 智能家居不是极客专属

在智能家居出现之初，复杂的技术和昂贵的成本让智能家居只能局限在极少数人群中，多为具备自行研发能力的工程师和可以为智能家居"一掷千金"的高收入人群。比尔·盖茨的家就是典型的例子。

当时作为世界首富的比尔·盖茨，他的豪宅坐落在西雅图，被外界称为"未来生活预言"的科技豪宅，号称全球"最有智慧"的建筑物，可以说是全球智能化非常高的住宅了。

这栋豪宅从 1990 年开始建造，花费 7 年时间，6 000 万美元建造完成。占地 2 万公顷，大概有几十个足球场大小，建筑面积超过 6 000 平方米，有 7 间卧室、6 间厨房、24 个浴室，还有一座图书馆、一片人工湖泊，甚至还有世界上最大的鱼——鲸鲨。

在智能化方面，这座豪宅有一套运行着 Windows 系统的中央电脑，可以遥控室内的各种电器设备，包括浴缸放洗澡水，而客人通过"电子胸针"，可以被中央电脑识别，为客人提供最为舒适的温度、湿度、视听等各种服务。

当客人带着"电子胸针"进入大厅后，空调会提供最为适合的温度，音响系统根据客人的不同喜好，播放不同的音乐，灯光系统根据人的情绪调节亮度和色调，而影院系统会自动显示客人喜欢的名画或影片，即使是下水游泳，泳池水下也会传来悦耳的音乐。这些过程不需要人为干预，系统自动完成。

不论大厅、餐厅、客房，还是健身房、图书馆、户外等都有类似的功能，似乎每个角落都有忠心耿耿的管家随时提供周到的服务。而为了实现以上的功能，这栋豪宅大约铺设了 80 公里的光纤，豪宅内外的各种电器都通过电缆和光缆连接在一起。

随着智能家居行业的发展，其技术不断成熟，成本不断降低，智能家居市场开始面向大众。

到 2010 年前后，市场上已经有许多智能插座、智能遥控、智能墙壁开关等各种智能单品出现。2010—2015 年，短短五年时间，各种智能单品和智能家居系统层出不穷，让市场上的产品选择面很快丰富起来，同时价格也迅速下降，普通的智能插座从当初的几百元降到了几十元，智能开关也仅仅是一二百元就可以买到，这就为广大小白用户体验智能家居创造了有利的条件：可选的范围大、实验的成本低、可扩充空间大、具备组件全屋智能的初步条件。

4.2　小白玩转智能家居的思路

对于小白用户，也就是对智能家居的认识仅限于名字和简单功能的用户，在现阶段下完全可以玩转简单的智能家居系统，当然主要是指无线智能家居。

有线智能家居系统对于小白用户而言难度太大，调试成本太高；而市面上一些通过树莓派等作为主机的智能家居系统也面临门槛高，上手难度大，需要的基础知识多，调试难度大等问题，不适合小白用户玩转如图 4-1 所示。

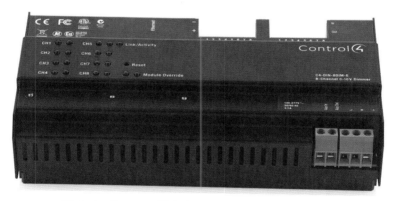

图 4-1　Control4 的有线调光器接线和调试难度很大

小白用户可以遵循以下三个思路玩转市面上常见的无线智能家居系统。

① 从小套装玩起

全屋智能是智能家居的目标，但是对于小白用户来讲，一开始就上全屋智能是不现实的。而从小套装玩起就可以更好地理解和使用智能家居。

推荐使用的小套装包含网关、智能插座、人体传感器、智能墙壁开关、智能灯泡等，通过对套装的使用，用户可以掌握智能家居的基本功能和大致结构，如图 4-2 所示。

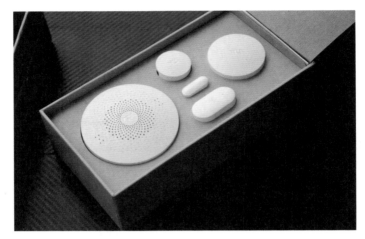

图 4-2　小米智能家居套装

例如，通过网关、智能灯泡的配置，用户可以了解通过 Wi-Fi 联网组件的配置方式，而人体传感器、智能墙壁开关的配置可以让用户了解总线设备的配置方式。

通过简单的联动设置，既可以让用户了解智能家居工作的基本原理，了解 if…then…这种模式的基本设置方法，理解场景的运行机制，同时也对组件的功能有个基本的认识，有了对基础组件的比较清晰的认知，对其他组件就更容易理解其功能和特性。

例如，可以设置有人移动时自动打开墙壁开关以开灯，无人移动 3 分钟后自动关闭墙壁开关以关闭灯，这种简单的联动就可以帮助新手用户理解智能家居的工作机制。设置一个关闭灯光，打开智能插座，延时一段时间后开启灯光的简单场景，就可以更深入地理解"场景"的概念。

② 了解组件功能

智能家居系统包含的组件非常多，在第 2 章中也进行了讲述，对于小白用户而言，短时间掌握如此多的组件的功能、特性、用法也是不现实的。但是对于基础组件，通过前面讲的套装使用体验，用户可以做到比较深入的了解，通过对基础组件的了解，用户就可以更容易理解其他组件的功能和特性，对于自己感兴趣的组件，用户可以购买纳入之前套装的系统中。

建议小白用户了解的组件主要有智能插座、智能墙壁开关（零火版本和单火版本）、智能红外遥控（红外转发器）、智能窗帘机、人体传感器、门窗传感器、温湿度传感器、空气质量传感器、燃气（烟雾）传感器、智能音箱、智能门锁、空调伴侣等。

它们的基本功能如下：

智能插座：控制插在其上的用电器的电源通断。

智能墙壁开关：控制接在其上的灯具的电源通断。其中单火版本不需要零线就可以正常工作；零火版本需要零线才能正常工作。

智能红外遥控：可以通过学习来控制可以被红外遥控控制的设备，例如电视、音响、带红外遥控功能的风扇等等。

智能窗帘机：控制窗帘的打开和关闭。

人体传感器：感受是否有人体移动。

门窗传感器：感受门窗是否打开。

温湿度传感器：感受所在环境的温度和湿度。

空气质量传感器：感受所在环境的PM2.5、TVOC等数值。

燃气（烟雾）传感器：感受所在环境是否有燃气泄漏（烟雾）。

智能音箱：可以通过语音交互，控制其他设备，还可以作为反馈，告知用户一些设备的状态。

智能门锁：通过指纹、面部、密码、NFC、手机、手环、门卡等多种方式控制门锁的开启。

空调伴侣：通过红外遥控的方式控制空调，同时可以通过测量空调的工作电流来判断空调的工作状态。

③ 考虑需求，一步一步完善

对于小白用户，在前期对简单套装熟练玩转和对其他智能组件功能了解的基础上，即可根据自己的需求一步一步完善自己的智能家居系统。

从需求的角度来看，智能家居主要包括照明控制、窗帘控制、环境控制、安防系统、影音控制，而各种系统的基本功能在第6章也会详细地讲解。对于小白用户，前期要认真考虑清楚自己有哪些需求，结合自己的需求去选择相应的单品，融入自己的系统，一点一点扩大智能系统的版图，一步一步让自己的智能家居系统越来越全面。

例如，如果喜欢智能影音系统，那么就重点研究液晶电视、投影机（及幕布）、激光电视、功放机等影音设备的智能化方法。这里主要包括电源控制和红外遥控，用到的组件主要是智能插座（或者智能插排）、智能红外遥控器等，然后购买相应的产品来改造自己的影音系统。

在实现影音系统一键开启、一键关闭的基础上，用户可以继续研究智能灯光系统和智能窗帘系统的配合，实现在开启影音系统时灯光自动关闭、窗帘自动关闭等功能，实现系统的扩展。

如果对安防系统要求比较高，则可以通过门窗传感器、人体传感器、烟雾传感器等组件，配合智能摄像头、水浸传感器等辅助组件，先实现客厅、厨房的安防，然后逐步扩大到卫生间、卧室等不同的区域，最终实现安防系统的全宅覆盖。

对于小白用户，各种智能家居组件的安装是另一个难点，对于智能家居组件的安装，可以分为三类：自行安装、专业指导下自行安装和专业安装。

①　自行安装

对于自行安装的部分，主要是网关、智能插座、万能遥控、无线开关、烟雾传感器等通过直接插入插座、粘贴或者直接放置就可以正常使用的组件，这类组件的安装简单，用户完全可以在阅读说明书的基础上自行完成，如图4-3所示。

图 4-3　自行安装需要一定的电工基础知识

②　专业指导下自行安装

专业指导下自行安装主要是指智能墙壁插座、智能墙壁开关、多路控制器等需要操作 220V 电源以及接线的组件，对于没有任何基础电工基础知识的用户，建议还是请专业的电工师傅完成；而如果对电工知识多少有些了解，则可以在专业人士的指导下，做好安全防护，采取相应的安全措施后进行操作。

例如，安装智能墙壁开关要断掉电源，用电笔（或万用表）测量电路，在无电的情况下进行接线，接线完成后进行检查，检查无误后送电测试。

对于智能锁、智能窗帘、中央空调控制器等需要专业安装的组件，用户一般无法自行完成，用户最好直接购买带有安装服务的产品，这样产品到达后有专业安装师傅上门安装并提供简单的调试，用户无须为这些设备的安装担心。

4.3　小白玩转智能家居的几个常见误区

以下几个问题是小白用户在刚刚入门智能家居时非常容易遇到的相对共性问题。

误区 1：智能音箱是智能家居的核心。

很多用户看到家中的很多设备都可以用智能音箱去控制，就觉得智能音箱是整个智能家居系统的核心。其实这种看法是不妥的。智能音箱严格来说，相当于智能家居的人机接口设备。也就是说，它可以识别用户的指令。同时也可以将一些信息反馈给用户，用户通过它可以来控制智能家居系统，了解各个设备的工作状态，但是智能音箱本身不具备控制功能，仅仅是将控制信号发给对应的设备或者后台服务器。智能音箱所做的只不过是收集用户的指令和反馈一些设备的状态，因此并不能称之为整个智能家居系统的核心。

反过来讲，智能家居里面的智能音箱其实是可以不存在的，它不像网关这种东西，只要有智能家居系统，网关的存在几乎就是必然。而智能音箱是否存在，看的是用户的需求，其本身是可有可无的。

误区 2：断网了，智能家居系统就没法控制了。

这个问题可以从两个方面来看待。一个是断网了之后，智能家居系统各个组件是否还能够控制？另外一个就是断网以后智能家居系统的自动化和场景是否能够正常工作？

一般来讲，智能家居系统的单品即使在断网的时候依然会有简单的本地控制功能。比如，智能墙壁开关即使断网了，你也可以通过按键去控制灯；智能窗帘，即使断网了，你也可以通过拉动窗帘来让窗帘自动地打开和关闭；智能空调依然可以通过遥控器去控制；智能插座也可以通过其上的按钮控制用电器的设备通断。

有一些产品还具备一些比较特殊的功能，比如很多智能灯在具备网络控制的同时，还支持蓝牙控制，即使断网了，蓝牙遥控器依然可以正常的控制智能灯具的开关和调光。当智能家居系统没有了网络支持，其单品的功能与同类型非智能产品的功能是很类似的。并不是说不能用，也不是说不能控制，只是退回到无法通过网络去控制的状态而已。

而断网以后智能家居系统的自动化和一些场景功能，也不一定会完全失效。智能家居系统的联动一般可以分为两大类，一类是本地联动，一类是云端联动。

对于本地联动，其本身不依赖于网络支持，只要网关之类的设备还正常，那么这类联动就可以正常执行。比如，你的人体传感器和灯具都连带同一个网关上，然后人体传感器感受到有人移动且亮度暗的时候就会开灯，这时候即使断网了，这种联动功能依然是可以正常运行的。

而对于另外一类联动，也就是云端联动，当智能家居系统的网络支持失去以后，这类联动就完全瘫痪了，无法正常工作。对于场景功能来讲，因为场景功能依靠的是用户通过智能音箱或者手机 APP 等来触发，在没有网络的情况下肯定是无法正常工作的，但是对于一些靠本地设备，比如无线开关或者智能墙壁开关等触发的，如果其中涉及的设备都支持本地联动的话，一般也是可以正常工作的。

整体来讲，智能家居系统的确需要良好网络的支持。如果网络条件不好，那么智能家居系统用起来体验就不会好。在很多情况下，我更多的是建议用户尽量保证自己的网络质量，比如通过双宽带接入来保证网络不会终端，而不是仅仅通过本地联动来实现。毕竟本地联动的限制太多，很多稍微复杂一点的联动就无法通过本地联动来实现。

误区 3：只有大房子才需要智能家居，小房子就无所谓了。

对于大部分公寓户型来讲，智能家居并不是必要的，但是用了就回不去。

之所以这么讲，是因为公寓户型一般都不大，开个灯，拉个窗帘之类的事情，都是很简单的，没有智能家居，家庭内部的各种日常操作都不会太麻烦。

例如你下班回家，打开门，家里有点暗了，随手打开灯，然后走到阳台那边，拉开窗帘。想要看个电影，拿出遥控器打开电视，就可以看了。

例如你早上出门上班，扫一眼室内，看到卧室有盏灯没关，三五步走过去，关上，关门，走人。

这些场景，在没有智能家居加持的情况下，也并不复杂，不至于对生活造成困扰。从这种角度讲，智能家居看上去并不是必要的。

但是如果你用上了智能家居，习惯了智能家居，就会总觉得灯光必须跟人走，出门上锁，家里的各种设备就会自动关闭，窗帘也不需要自己去拉，顶多一句话告诉智能音响就搞定了……

有时候，你去外地住酒店，总觉得出了卫生间还得关灯好麻烦，还是家里的智能家居系统比较方便。

所以，用了就回不去了。

总之，对于大部分百平米左右的公寓户型，智能家居并不是必要，但是可以显著提高生活品质，用了就回不去。但是，对于大平层或者别墅等大户型，智能家居就有点刚需的意思了。

还是之前说的场景，如果在一栋三层别墅会出现什么样的情景？

你要出门了，要确认所有房间的灯都关了，好了，从一层转到三层，然后还要去负一层地下室看一眼，上上下下所有房间转一圈，将近 10 分钟就没了，还累得气喘吁吁……相信我，这种情况和公寓式住房扫一眼就全都掌握的情况是有很大差别的。

还有一个常见的例子，那就是在晚上在一楼看书，想起来一本书在三楼书柜，好了，从一楼走到二楼，有两个楼梯灯，从二楼走到三楼，又是两个楼梯灯，三楼书房过道一路灯，书房两路灯，其中还有一路书架灯，走到书房拿到书，需要开这 7 路灯光，然后下来，依次关闭这些灯……有兴趣的话可以想象一下。当然，你可以说为什么有那么多灯？楼梯灯一层一个不行吗？那建议你去别墅户型里面看看，实际的灯光路数只会比我说得多，不会比我说的少。氛围怎么出来的？靠的就是很多各种类型的灯营造出来的。

所以对于大户型，没有智能家居，连开关灯都是力气活。

而如果有了智能家居，以上情景就非常简单了：

出门，反锁智能门锁，所有灯具和必要的用电设备自动关闭。

去三楼拿书，去就是了，走到哪里灯跟到哪里，下来后继续看书，刚刚打开的灯依次关闭……

所以，对于大平层或者别墅等大户型，智能家居是很有必要的。不仅仅是提高生活品质，而是如果没有就会让生活变得非常麻烦和困难。

误区 4：智能家居系统还是一个开关控制一盏灯。

智能家居的本质之一，就是控制权的转移与重新分配。

试想一下，传统开关，必须走到这一只开关那里，才能控制这一盏灯。但是对于接入网络的智能开关，你可以在开关的物理位置控制这一盏灯，也可以用语音入口，也就是某猫精灵、某爱同学、Siri 这种控制这盏灯，同时还可以通过其他设备联动这盏灯，例如人体传感器感应到有人且亮度暗则开灯，还可以通过一个情景开关同时控制这个区域甚至全宅的多个灯，也可以在智能门锁上锁的时候关闭包括这盏灯在内的所有灯，还可以在千里之外用手机 APP 控制这盏灯……

所以，夸张地说，智能家居一个面板就可以控制全屋所有设备，只要你全屋想要控制的设备都接入了智能家居系统，就可以将控制权交给这一只墙壁面板，只要你愿意，就像你用语音助手控制全宅的设备一样。

比如最近火起来的**带屏智能墙壁面板**，就是一个非常方便的控制多个设备的组件，甚至很多时候比语音入口还要方便。当然市面上多数的带屏智能墙壁面板，基本都具备感应操作的功能，也就是有人靠近自动亮屏，无须唤醒，设置在首页的情景模式只需一次点击即可完成操作，的确很方便。也有很多智能墙壁面板集成了语音入口的功能，全宅放几个，分布式语音入口就形成了。

例如在床头安装一个智能墙壁面板，将睡眠模式设置在首页，睡觉的时候，轻轻一点即可。这样比对着智能音箱说"晚安"要方便一些，且不会发出声音，不用担心打扰其他人。

例如在进入客厅必经的区域设置客厅的灯光模式，进入客厅的时候随手一点想要的灯光照明方式，也就是提前设置好的场景模式，客厅的所有灯的状态就都设置好了，是不是很方便？

误区 5：智能家居根本不智能，是"智商税"。

在 5-10 年年前，的确有很多人认为智能家居是智商税，但如今，这么认为的人越来越少，甚至几乎可以说极少有人还这么认为了。

原因如下：

1. 用户层面，近年来，智能家居的门槛越来越低，智能体验已经渗透到普通百姓的生活之中。

价格方面，各种智能家居组件的价格一降再降，特别是智能插座、智能门锁、智能音箱之类的产品已经迅速走入寻常百姓家，去移动充个话费都会送个某猫精灵，在商场买一堆衣服也可能会抽中一个某爱同学，智能门锁千元以下产品日渐丰富，智能插座、智能墙壁开关都下探到了几十元的价格区间。

一套 100 平方米的普通平层，装备全屋智能只需要不足 1 万元，甚至二三百平方米的复式或者别墅户型，装备全宅智能也只要两三万元，这在整个装修成本中占据的份额很小，在 5 ～ 10 年前，这根本就是不可想象的。智能家居价格"高不可攀"的时代，已经一去不复返了。

安装配置方面，目前各种组件的安装和配置越来越简单，很多品牌都出现了自动识别新设备并自动组网的功能，例如博联和小米，几乎都可以自动识别新设备，用户不需要做什么配置工作，设备上电即可使用。

使用方面，智能音箱的识别能力越来越强大，各种带屏幕的音箱、墙壁面板等产品让操作更便利。即使某些家中没有智能家居产品的朋友，外出住酒店也会经常遇到装备全屋智能的房间……这个时代，大家或多或少的都会体验到智能家居产品，而在亲身体验过智能家居的便捷与实用之后，人们会对智能家居的看法迅速改观。

2. 商品层面，早期不靠谱的厂家基本退出市场或者转型，让人们对智能家居的看法日趋理性。

不可回避，早期一些不靠谱的智能家居厂家，价高、产品差、做样子、炒概念，让一部分用户被连哄带骗地装上所谓的"全屋智能"后，不仅花了大价钱。例如一套100平方米的房子花费五六万甚至更多，还没有多少理想的体验，这在他们心中种下了"仇恨"的种子，让对某些厂商的仇恨转变成对整个行业的不信任。甚至有个别恶劣的厂家打着智能家居加盟的旗帜大肆行"诈骗"之实，让不少人被坑，也给行业抹了黑。如今，在绿米、欧瑞博等主流厂家强大的竞争力下，这类厂家已经无路可走，无缝可钻，被迫退出市场，当然，其中也有部分厂家转变了作风，实现了转型，开始真正聚焦产品，做出不错的系统。宏观来看，行业发展日趋规范，服务体系日趋完善，让人们对智能家居行业的看法日趋理性，也更被广泛介绍。

3. 服务层面，各大智能家居服务商让智能家居的安装运维服务越来越透明规范。

新的智能家居服务形式的出现，让智能家居的落地不再繁杂，也让智能家居的运维服务越来越规范透明，用户不需要自行考虑，专业的服务商会在装修阶段提供全过程的勘测设计服务并将智能家居产品的安装部署合理融入装修全过程，用户只需承担相对合理的服务费。而日常运行维护也可以完全交给服务商。如此，用户只需要购买产品和服务就可以感受智能家居带来的优质便利体验，这个过程中的收费和服务标准也足够透明。

当然，虽然智能家居行业迅速发展，但是人们思想的变化是一个缓慢的过程，人们对智能家居的看法也是一样，转变不会非常快，但是智能家居行业近几年的快速发展，也的确是加速了这个过程，让人们对智能家居的看法日趋理性，在智能家居方面的消费日趋成熟。

正所谓智能家居的过往，皆为序章，智能家居行业，已经又步入了一个新的快速发展阶段，伴随着5G的广泛使用，自动驾驶的快速迭代更新，AI技术的加持，智能家居已经从家居开始拓宽到出行、娱乐等生活的各个领域，实现了更多更快的互联和更实用更便利的功能，为人们带来更美好的生活……

误区6：智能家居这么多年发展不起来，肯定是遇到瓶颈了。

首先，近几年智能家居成了热词，人工智能谁都觉得炙手可热，但是仔细想一下，其实智能家居发展的时间并不长。往前推10年，也就是2010年，其实市场上基本上是没有智能家居这个东西的，那个时期我想做一个灯光的自动控制，还是自己画电路板、焊元件、写程序才做好了一个。其实，到现在，智能家居的迅速发展"黄金时段"不过5年左右时间，同样类比一下，智能手机刚出现到普及再到几乎"人手一台"也不是 5 年就实现的，前前后后也有 10 年左右的时间。

而短短几年，大家觉得智能家居发展这么多年了，说明智能家居已经"深入人心"了。

其次，智能家居在一些群体中普及率还是比较高的。

举个例子，别墅，智能家居是别墅户型的刚需，毕竟别墅户型要控制的设备太多了，灯具太多了，不集中统一控制，是非常非常复杂的。所以智能家居在新的别墅项目中，要么标配要么业主也会自行安装，普及率还是很高的。特别是像小米、云起、欧瑞博这些国内无线系统，让别墅的智能家居门槛降得非常低，放在别墅的装修费用中都不算什么，所以装备的量还真不少。不要以为别墅户型的业主都是"财大气粗"，其实精打细算的更多。

另外，一些大城市的面向年轻人的"公寓"早都已经实现了智能家居，在一、二线的城市，智能音箱也几乎家家都有那么一两台了。也就是说，虽然还有很多家庭没有实现全宅智能，但是都或多或少的有那么几件智能家居单品、家电或者小系统了，这就是一种巨大的变化。

实际数据也印证了这一点，仅小米一家平台，IoT 设备已连接 2.35 亿台，某爱同学这一种智能音箱，月活跃用户就已超过 6000 万。再加上某猫精灵、某度，这个数量相当可观。

再次，智能家居仍然处于发展的关键阶段。

可以说，智能家居快速发展，不论是单品还是生态还是方向，都可能发生很大的变化，也就是说还处于"儿童期"或者"青春期"。大家一想到"智能"，就会觉得机器或者家电要有多么聪明多么了解自己，啥也不用管，系统就能根据自己的习惯自动调节家中的灯光、温度、湿度、空气、遮阳等，实际上，这是一个长期愿景，以目前的技术还是不太可能实现的。

技术的发展在绝大部分时间下都是一步一个脚印，极少会出现跨越式发展。

对于智能家居也是一样，举个简单的例子：通信技术的发展让无线系统成熟起来，然后部署难度降低，成本降低，之后组件越来越多，传感器分布越来越广泛，可以传感到的量更多，对环境的描述更精确，记录用户的行为更精确，积累数据，通过机器学习等方式来分析用户习惯，然后实现符合用户习惯的自动控制……

这些过程都是要一步一步进行的，没有数据的积累，就没有更准确的学习和分析用户的习惯，目前智能家居系统普遍还处于数据积累的初级阶段，一个家庭才有几个传感器传感简单的温湿度、人员活动范围、亮度等的数据，距离"大数据"依然是有一定距离的……

总之，还是那句老话，"前途是光明的，道路是曲折的"，在我看来，智能家居已经发展得很快了，迅速丰富、不断迭代的单品，更健全的生态，大家电的逐渐渗透，生态系统的融合，无线系统几乎把有线系统踢出了市场，短短几年里出现如此巨大的变化，经常让我不由惊叹：智能家居的发展真是太快了，我国的发展真是太快了……

误区 7：找一家厉害的智能家居平台互联市面上各种各样的产品。

目前还没有这样的平台。之所以没有，并不是因为技术达不到，更多的因为厂家之间的博弈与竞争。

以目前的技术来看，如果有统一的智能家居互联互通标准，且所有家电厂商都要强制遵守，那么实现智能家电的互联互通是很轻松的事情，目前，国家层面正在推进，但是企业层面想法千差万别。

目前大的平台的确就那么几家，就是小米、华为、阿里等，大的平台要么自己做家电，例如小米的大家电阵营，做米家品牌。要么就是拉人入伙，各大平台肯定期望把更多的厂家拉近自己的阵营，而不想有影响力的厂家进入自己竞争对手的阵营。有影响力的厂家还想着找几个伙伴打造一个自己的生态，甚至有一些还想着去抢占几大巨头的份额。

这种情况下就注定了很多厂家之间就在博弈，各自有各自的小算盘，一方面想要扩大自己，一方面又担心被对方压制，对于合作伙伴，害怕他不来，又怕他乱来，所以从这个层面上，不同品牌家电无法互联。

至于一些通过红外转发、树莓派、HA 等方式实现的互联，的确可以，但是其受限于用户的折腾能力，对于普通用户，肯定是不推荐的，一是门槛高，二是稳定性一般，三是维护麻烦。

所以，当下，如果想做全套的智能家居，还是要认准一家或者一个大平台，想用小米智能家居配华为智慧屏这种方式，可能兼容性会有问题。

第 **5** 章

智能家居构建方法

（智能家居的各个子系统，应该如何构建？）

5.1 影音系统构建方法

要想了解影音系统的构建，首先要了解一些基础知识。

家庭影院系统一般使用电视或者投影作为画面呈现方式，如果使用电视显示画面，其控制非常简单，这里就不多说了，重点介绍一下投影机。

投影机需要配合幕布使用，也有朋友会说投白墙也行，但是实际上，投白墙的效果比较差。同时，幕布还有一个好处是可以遮挡一些东西，比如，用户想投影到电视所在的墙面，放下幕布遮住电视即可。

对于投影机来说，一般可以采用桌面摆放、吊装、支架安装等方式（见图5-1），红外线遥控控制，且多数投影机都会在机身前后分别设置遥控接收窗，方便从前后两个方向接收红外线遥控信号。

图 5-1　吊装的投影机

　　目前比较火的激光电视，其本质是一台超短焦激光投影机，配合抗光幕，可以在白天等环境光线比较强的情况下获得不错的画面体验，如图 5-2 所示。

图 5-2　激光电视

　　从视频源（如电视盒子、蓝光播放机等）到投影机可以采用 VGA、AV、HDMI 等方式传输视频信号，当然，前两者属于比较老的方式，传输效果比较差，信号容易衰减，现在使用得越来越少，目前主流的方式为 HDMI（DVI 和 HDMI本质上相同，两者可以非常方便地直接转接）。HDMI 为全数字方式传输音视频信号，一条线就可以把视频和音频信号同时传输。

　　视频的无线传输，就目前而言，无线网络的速度还不足以传输信息量巨大的高清视频。以 Wi-Fi 为例，目前有一些投影机支持 Wi-Fi 投影，但是传输速度受 Wi-Fi 速度的影响，静态画面有不错的效果，但是对于数据量巨大的动态画面，一般都会发生卡顿，这是由技术的底层决定的。所以目前用无线来传输视频信号，特别是高清视频信号还是不太现实的。当然，这也是下一步的发展方向。

　　如果有多台视频源，多台视频呈现设备，如有影音服务器、蓝光播放机、机顶盒和笔记本电脑四种视频源，有电视和投影机两台视频输出设备，那么这时候就要用到 HDMI 矩阵切换器了，如图 5-3 所示。

图 5-3　HDMI 矩阵切换器

矩阵切换器可以通过射频或者红外遥控来控制信号的分配，如以上的例子，四种视频源，两种视频输出设备，需要一个 4 入 2 出的 HDMI 矩阵切换器就可以完全实现画面的分配，而且矩阵切换器的遥控信号也是通用的红外遥控或者射频遥控。

如果采用 HDMI 传输，声音信号也是一并传输的，所以可通过 HDMI 直接传输声音信号到功放机，也可以通过 HDMI 音频分离器将声音信号分离后送入功放机。功放机接收到音频数据后进行解码并对功率进行放大，直接驱动音箱发出声音。

除此之外，音频信号也可以使用 AV 线、光纤等其他方式传输，原理大同小异。对于音频设备而言，功放机是最为重要的，功放机一般采用红外遥控控制。

这里要介绍一下幕布的控制方式以方便后面的改造。幕布需要控制的是升降，有手动和遥控两种方式。遥控一般采用红外遥控和射频遥控，红外遥控需要将遥控器面对幕布的遥控接收器，射频遥控没有方向性。

对于手动控制的幕布，强烈建议购买相应的幕布遥控组件，也分为红外遥控和射频遥控两种，价格非常便宜，接线安装也非常简单，完全可以自己搞定。

各个组件的改造方法如下。

━① 投影机、功放机

前面原理部分也已经提到了，投影机前后都有红外遥控接收器，可以接收红外遥控信号，功放机也具有红外遥控功能。这些红外遥控信号都可以被智能遥控组件，例如 RM-pro 学习并直接控制，改造非常简单。

②　幕布

幕布的改造只能针对具备遥控功能的幕布，对于手动的幕布首先要增加遥控组件后才能方便地接入智能家居系统，幕布的遥控组件价格非常便宜，有红外遥控的产品，也有采用射频遥控的产品，推荐大家使用射频遥控，因为射频遥控不需要考虑方向性，可靠性更高。

当然，如果你选择的智能家居品牌对射频遥控支持不好，那么就只能使用红外遥控。增加遥控组件后，直接用智能遥控组件学习对码，即可控制。

③　视频源与 HDMI 矩阵切换器

视频源主要有机顶盒、蓝光播放机、笔记本电脑等。除笔记本电脑外，多数都支持红外遥控，而笔记本电脑可以直接使用无线的鼠标键盘，可以方便地控制。

HDMI 矩阵切换器的控制与幕布类似，也有射频和红外两种，在这里推荐射频，没有方向性可以把矩阵切换器安装在柜子里或者其他看不到的地方，外观更好。而如果是红外遥控，则必须放在能被智能遥控组件发出的红外线覆盖到的区域且不能有遮挡。

④　搭配灯光系统和遮光系统

灯光系统这部分参考 6.3 节照明系统构建方法。

对于遮光系统，主要是窗帘。因为投影机的对比度一般都受限，所以环境亮度肯定是越低越好，而白天的时候，窗帘的作用就非常重要了。

安装投影机的房间建议安装遮光窗帘，也就是在普通窗帘的基础上增加遮光布层，以获得更好的遮光效果。

改造实例实现的功能如下。

①　一句话看电影

想要看电影的时候，只需对着魔法棒说一句"我要看电影"，电源自动打开，幕布自动放下，投影机自动打开，灯光依次关闭。

②　一句话关闭影院系统

与上面类似，当你看完电影，对着魔法棒说一句"电影结束"，窗帘自动打开，幕布自动升起，投影机自动关闭。

③　联动灯光、遮光窗帘

与灯光系统、窗帘控制器联动，在开启看电影场景时自动关闭灯光，关闭窗帘，看完电影后自动开启灯光，拉开窗帘。

设计要点如下。

①　设备布置

投影机、功放机、播放机等设备的红外接收器具有方向性，所以和智能遥控组件 RM-pro 之间不能有遮挡；幕布和 HDMI 矩阵切换器采用射频遥控，接收器位置没有特殊要求。

②　具体控制组件选型

影音电源及投影机电源等采用 Broadlink SP mini 智能插座，根据电源的设置情况使用 2 ~ 3 个智能插座，至少需要两个，一个用来控制投影机的电源，另一个用来控制播放器、幕布、功放机等设备的电源。

遥控组件采用 RM - pro，此组件支持红外和射频遥控，可以方便地学习投影机、幕布、功放、HDMI 矩阵切换器、播放机的遥控器，方便实现遥控功能。

语音控制组件选用 Broadlink 的魔法棒，用起来与 Broadlink 的智慧星 App 中的语音控制完全相同，支持场景功能。目前天猫精灵不支持 Broadlink 的场景功能，所以用天猫精灵无法实现。

③　情景执行的流程

对于投影机系统，开启电影模式需要执行以下流程（不同配置的流程大同小异）：开启影音系统电源，放下幕布，打开投影机，打开功放机，调节功放机输入，调节 HDMI 视频输出，关闭窗帘，关闭灯光，打开播放机。在智慧星 App 中新建场景，依次执行以上命令即可。

施工要点

（1）如果要隐藏幕布，需要在吊顶中留幕布槽，幕布槽尺寸略大于幕布即可，同时需要预留幕布电源，可以留在幕布槽内部，如图 5-4 所示。

图 5-4　预留幕布槽

（2）吊装投影机，需要留吊装架，同时在吊顶处留电源，预留 HDMI 线。HDMI 线从播放器到投影机，如果后期不方便更换，建议预埋两条 HDMI，一条作为备用。

（3）如果吊顶空间比较充裕，可以考虑采用自动升降的投影机架，不使用投影机时可以收入吊顶中。此投影机架一般支持射频遥控，也可以使用 RM－pro 来控制。

总体来看，家庭影院的智能化其实非常容易，且成本非常低廉，只需要四五个组件，几百元的成本，就可以实现一句话看电影。如果家中设置家庭影院，这一部分可以说是性价比极高，效果非常棒。

5.2 环境控制系统构建方法

环境控制系统主要包括空调、地暖、新风等。

对于空调系统，一般分为整体式空调、分体式空调和中央空调。整体式空调就是所谓的"窗机"，早期比较流行，安装受到很多限制，现在家庭用户使用已经很少了。下面主要介绍分体式空调和中央空调。

分体式空调的接入相对简单，大部分智能家居系统都会提供分体式空调接入的模块，也称为空调伴侣，当然也有其他接入方式，主要有以下几种：

① 红外遥控接入

使用智能家居系统的红外遥控组件（也称为红外转发器、万能遥控）基本上都可以控制常见品牌的分体式空调，这种方法的优点是成本很低（红外遥控组件价格非常低，多数品牌在 100 ～ 200 元）。

缺点有以下三个。

> 第一是没有空调实时状态的反馈，也就是说空调到底开了没有，开的什么模式，智能家居系统无法直接获知（当然可以通过在空调出风口或者附近安装温度传感器来获取温度间接了解空调的运行情况）。

> 第二是空调的遥控码一般比较复杂，多数红外遥控组件都是直接内置常见品牌空调的红外遥控码，对于没有内置的空调型号，有时候无法学习。

> 第三就是红外遥控必须在一个房间内，尽量靠近且不能遮挡，如果有遮挡则效果大打折扣，所以整体稳定性与布置位置和房间结构有很大关系。

② 空调伴侣接入

空调伴侣是智能家居专门为接入分体式空调设计的组件，它集成了智能插座和红外遥控的功能，并且具备电量和功率的实时监测，安装非常方便，直接插入空调插座即可。

空调伴侣通过获取空调的实时电流来判断空调的工作状态，已经具备了一定的状态反馈能力。对于大部分分体式空调而言，空调伴侣是比较理想的接入方式。

但是，空调伴侣也有缺点：空调伴侣的最大功率一般不超过 4kW，对于大部分壁挂式空调适用，对于部分大功率的柜机，或者辅助电加热功率大的挂机就不适用了。虽然这种柜机也可使用空调伴侣的红外遥控功能去控制，但是没有了实时状态反馈，接入方式就成为简单的红外遥控接入了。

③　兼容的智能空调

很多智能家居品牌直接和家电厂家合作推出某些型号的智能空调，或者通过代工等方式推出自有品牌智能空调产品，例如米家互联网空调等，如图 5-5 所示。

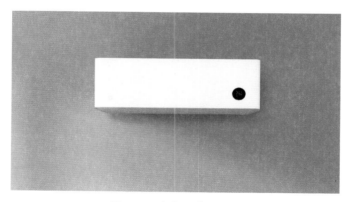

图 5-5　米家互联网空调

这些空调都可以直接通过 Wi-Fi 接入与其兼容品牌的智能家居系统，所以用起来体验很好，目前的主要缺点是选择面比较窄，每个智能家居品牌兼容的智能空调型号并不多，难以满足个性化需求。

这三种接入方式各有利弊，对于新安装的用户，有条件的建议直接选择兼容的智能空调产品；对于保有的空调，功率满足要求的使用空调伴侣接入，实在没有办法，再选择红外遥控接入。

中央空调接入智能家居：

中央空调的接入比分体式空调要复杂一点，很多方式需要重新接线，用户一般难以自行搞定。为了讲解方便，把风管机归入中央空调，因为其接入方式与中央空调类似。

中央空调的种类很多，有水机、氟机等，但是接入的方式都类似，主要是以下几种：

① 红外遥控接入

对于支持红外遥控的中央空调，一般都可以通过红外遥控接入，优缺点都和分体式空调红外遥控接入一样，成本低，但是没有反馈。当然也可以使用空调伴侣的红外遥控功能去控制，只是没法反馈实时状态，但是并不影响使用。

绝大部分中央空调都是通过温控器去控制，常见的温控器有两种，一种是机械式，另一种是总线式。

② 机械式温控器接入

机械式温控器是指使用 6 条左右的控制线去控制的中央空调控制器，这种控制器非常明显的特征是具有 3 条风量控制线，两条（或一条）阀门控制线，总之就是线很多。这种控制器一般用在风机盘管类型的中央空调中。

当然，这种温控器的玩法和用法很多，可以通过不同的接线去控制新风系统和地暖系统，同样可以将新风系统和地暖系统接入智能家居。很多智能家居系统都直接提供温控器组件，用户只要看一下自己的中央空调温控器类型，如果是机械式温控器，就可以直接更换为相应的智能家居温控器组件从而接入系统。

③ 总线式控制器接入

中央空调使用的温控器除了机械式外就是总线式控制器。这种控制器与机械式相比明显的特点就是接线少，一般在 4 根线左右（顶多 5 条），其中有电源线和 2～3 条总线，使用的总线协议是 RS-485、ModBUS、RS-232 等，当然，不同厂家的空调系统使用的通信协议都不一样。

总线式控制器通过控制总线的通信协议与空调系统交换数据，一方面控制空调系统，另一方面还可以从空调系统中读取各种状态数据，比如制冷剂温度、室外机温度、工作电流等状态数据。

这种中央空调控制器一般采用专门的接入组件，也就是常说的智能家居中的中央空调控制器组件或者协议转换器来实现。当然，这些组件的价格较高，且必须内置需要支持的中央空调产品协议，但是其具备完全的状态反馈，控制稳定性也是最高的，是最为理想的中央空调接入方式。

对于中央空调的接入，推荐第二种和第三种方式，第一种是没有办法的办法。第二种和第三种选哪种，主要是看家中空调控制器的类型，最直观的方法就是看有几条线，6 条及以上就是机械式，5 条及以下一般是总线式，这样就可以根据类型选择接入方式。

新风和地暖接入方式如下：

新风系统如果具备红外遥控功能，则可以通过红外遥控的方式接入，但是具备红外遥控功能的新风系统并不多，多数新风系统需要使用前面中央空调接入的第二种和第三种方式接入，具体也要看系统控制器的类型，与中央空调接入类似。

地暖系统的接入，可以直接使用温控器，大部分的地暖都是通过阀门控制，使用温控器稍加调整接线即可控制。

对于通过燃气壁挂炉供暖的用户，其实还有一种更方便的控制方法，那就是直接使用双路或者多路控制器实现，如图 5-6 所示。

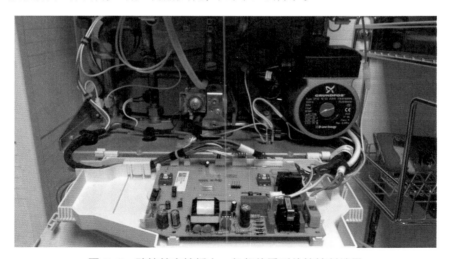

图 5-6　壁挂炉主控板上一般都能看到外接控制端子

一般燃气壁挂炉都会提供温控器接口，可以直接接温控器，如果不想接温控器，则可以直接使用双路或者多路控制器实现（实际使用中需要配合智能家居的温度传感器组件通过软件来控制），接法并不复杂，大家可以参考壁挂炉的说明书来接入。

智能家居逐渐普及，目前各家的智能家居系统在空调和新风地暖的接入方面也都逐渐健全了产品线。例如，云起智能（LifeSmart）早期就有了中央空调控制器，小米的空调伴侣早已广泛使用，温控器和中央空调控制器也马上上市，欧瑞博也有了中央空调控制面板等产品。随着智能家居的发展，暖通系统的接入将越来越方便，控制也越来越智能。

5.3 照明系统构建方法

照明系统是智能家居系统中必不可少的系统。一套设计合理的智能灯光系统，不仅科技感爆棚，实用性也极强，如图 5-7 所示。

图 5-7 照明系统是智能家居系统的基础系统之一

首先，了解智能照明系统之前，先普及一些关于家庭灯光的基础知识。

① 家庭灯光的供电

家庭灯光的供电是最为简单的电路，火线通过墙壁开关然后通往灯具，灯具另一端接零线。

②　照明灯光分类

家居常用的灯光，可以分为以下三类。

白炽灯：是指靠钨丝发光的灯，爱迪生发明的那种，一般发出暖黄色光，色温低；发热严重，所以发光效率低，同等亮度功率比日光灯、LED 灯都要大很多，已经基本淘汰。偶尔也会用来烘托氛围，虽然费电，但是有一种复古的感觉，现在有很多做成白炽灯样式的LED灯，看着好像也有灯丝，但是仔细一看，灯丝很粗，其实那是 LED 发光材料，不是普通的白炽灯。

当然，并不是说白炽灯一无是处，它调光方便，改变电压、电流或者串接电阻都可以调节亮度，非常方便。

荧光灯（日光灯、节能灯）：这种灯具靠的是紫外线照射荧光剂发出荧光，也可以使用不同的荧光剂来发 出不同颜色的光。相比白炽灯，荧光灯光线显色性更强，发光效率更高，灯具发光面积也大，照明效果更好。

缺点在于其结构也更复杂，需要镇流器，且不能简单地通过调节电压或者串接电阻的方式调节亮度。

LED 灯：LED 是发光二极管，靠的是半导体材料发光，可以发出不同颜色的光，其发光效率非常高，且体积小巧（大灯一般采用多个 LED 灯珠构成），可以做成各种不同的样式，非常灵活方便（见图 5-8）。

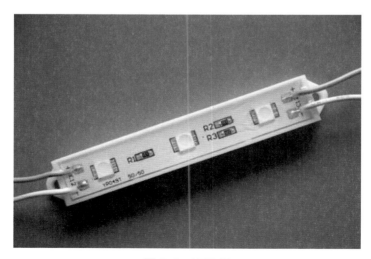

图 5-8　LED 灯

缺点在于目前国内对 LED 灯照明的标准并不够明确，市场上有很多低端产品照明效果差，光谱不均匀，长时间使用甚至会对眼睛有所损伤。同时，LED 一般为恒流驱动，需要专门的驱动器，有专用的调光电路，不能单纯地通过改变电压或者串接电阻的方式调光。

目前，市面上的可以接入智能家居系统的 LED 调光器越来越丰富，例如常见的 0 ~ 10V 调光器，价格也比较容易接受。接入调光后，LED 灯具可以实现各种不同的亮度、色温和颜色，可以打造出更加丰富的效果，是高端智能家居系统的必备。

三种灯具各具特色，一个家庭中很可能会用到一种或者多种。

③ 墙壁开关

目前绝大部分民用的墙壁开关，都是接在火线上，这样在关闭灯光时火线断开，然后除了开关到电源之外的其他部门，包括灯泡的火线和零线都是不带电的，安全性比较高。所以，几乎所有的家用墙壁开关的暗盒里都只有火线没有零线。

④ 智能灯

这里所说的智能灯是指本身具有智能功能的灯具，也就是可以通过 Wi-Fi、蓝牙、遥控器等方式控制的灯具，这种灯具可以用来组成智能灯光系统，但是智能灯光系统并不一定需要智能灯。

大部分情况下，智能墙壁开关组件配合普通灯具也可以实现智能灯光系统，并且成本普遍更低。

智能灯也有智能灯的优势，比如，有的智能灯可以调节不同的亮度和色彩，可以实现不同的色调和色温，而不需要专门配备调光驱动器或调光组件，这是传统灯光所不具备的。

有了以上的基础知识，下面来介绍一下具体的改造方法。

① 单火线智能墙壁开关

单火线智能墙壁开关可以直接替换现有的墙壁开关，用起来较方便，但是受限于它的原理（笔者之前在很多文章中说过，这种开关在关闭时实际上是高阻状态，有一个很小的电流通过，从而让开关本身获得电源，所以其开通和关断并不是和继电器或者机械开关一样完全接通和断开），控制的灯具功率一般在 5 ~ 200W（因产品的不同而不同），大于 200W 会导致发热严重，而小于 5W 会导致灯具闪烁。

②　零火线智能墙壁开关

零火线智能墙壁开关通过继电器控制，可以完全开通和断开，从而可以控制 0 ～ 1000W 的灯具，稳定性较好，价格也比单火线开关更便宜，如图 5-9 所示。

图 5-9　智能墙壁开关

问题在于此种墙壁开关需要零线才能工作，也就是在暗盒中必须有零线，而普通的家装暗盒一般是不留零线的，所以只能用在装修时预留了零线的墙壁开关中，对于有条件的用户，建议采用这种方式。

③　智能灯泡

智能灯泡是灯具本身具备智能控制的功能，只要闭合灯具开关，灯具自身就可以通过 App 或者遥控器控制了，优势是对墙壁开关没要求，如图 5-10 所示。

图 5-10　智能灯泡产品

而劣势在于墙壁开关的控制作用不太方便发挥，因为如果墙壁开关关闭了，相当于这个灯具就只能再通过墙壁开关打开而无法使用 App 或者遥控器打开。同时，这种灯具的价格相对较高，对于全屋智能灯光来说，这种方式并不是很理想。

④ 学习灯光遥控器

学习灯光遥控器适合本来家中灯光就具备射频遥控（灯具一般都使用射频遥控）功能的情况，只需配合智能射频遥控组件，让这个组件学习灯具的遥控器即可实现控制，成本较低，用起来也方便，

问题在于无法实时反馈状态，也就是说你发送了开灯的遥控信号，但是无法确定灯是否已经打开。

⑤ LED 调光组件

市面上常见的筒灯、射灯、灯带等几乎都是 LED 灯具，配合 LED 调光器，可以实现无极调光。常见的调光器有恒流驱动调光器、恒压驱动调光器、0～10V 调光器等，其中恒流调光器的特性为输出电流恒定，适合常见的筒灯、射灯、大功率 LED 等，恒压调光器特性为输出电压恒定，适合小功率 LED 和 LED 灯带。0～10V 调光器更多的是配合支持 0～10V 调光的驱动器来实现调光，其路数由需要调节的路数来确定。调光组件的接入也要根据需要调节的路数来确定，例如色温调节需要两路，RGB 调光需要三路，如图 5-11 所示。

图 5-11　LED 调光器

总体来讲，LED 调光是相对复杂的方案，需要专业的人员来进行接线调试，一般不建议用户自行完成。

户型实例：

这是一套建筑面积 110 平方米的普通多层住宅，两室两厅一厨一卫，主要灯光系统的布置如图 5-12 所示。

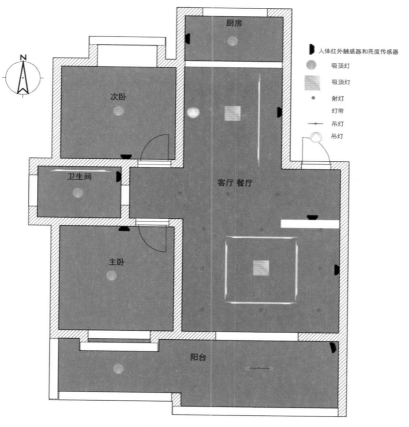

图 5-12 110 平方米户型

这是一种比较保守的灯光结构，普通家庭的常见灯光布置，结构相对比较简单，也比较典型。

为了配合灯光系统的控制，每个房间和区域增加了亮度和人体传感器，入户门安装门磁。灯光的自动控制主要依靠环境亮度和人体传感器来确定是否打开灯光，以上灯光系统采用零火线智能墙壁开关。具体每个房间的设置在设计要点中详细解释。

实现功能

（1）场景功能：根据情况自动开启 / 关闭部分灯光、打开 / 关闭所有灯光等。

（2）环境光线昏暗的情况下，回家自动开灯。

（3）卫生间在昏暗情况下有人自动开灯，起夜情况下开启灯带，无人自动关灯。

（4）厨房、阳台在昏暗情况下有人自动开灯，人离开自动关灯。

（5）主卧、次卧等各个区域在夜间检测到有人移动自动开启部分照明。

（6）客厅和餐厅根据光线亮度和活动自动开启和关闭照明。

设计要点如下：

（1）厨房的灯光只要检测到有人活动并且光线暗即可开启，人在厨房里一般是一直活动的，所以人体红外传感器的超时时间不需要太长，一般设置为 2～5 分钟，没有人体活动即可关闭灯光。阳台情况和厨房类似。

（2）卫生间的灯光一般分为两种情况，正常情况下检测到光线暗且有人，则打开吸顶灯和灯带，对于晚上入睡后的起夜，一般不开吸顶灯，因为太亮的光线非常刺眼，所以将这条联动的有效时间设置为 22:00—6:00 时间段，客厅光线黑暗、主卧光线黑暗且检测到有人时打开灯带提供夜间照明，无人 3～5 分钟后自动关闭照明。

（3）回家自动开灯的设置并不难，但是有点意外：门磁检测到门打开，门口玄关处人体红外传感器无人，光线暗，则开启客厅灯光。

之所以如此设置是为了防止在离家时自动开启灯光，离家和回家的明显区别就是开门的时候是否能探测到有人移动，如果是回家，则是在无人移动的情况下门打开，而出门则是有人移动的情况下门打开。

（4）主卧和次卧的人体红外传感器建议安装在比较低的位置，当人入睡后不会触发人体感应，而起夜时则会触发，同时可以点亮床下灯带进行照明。

一般不建议直接点亮吸顶灯，因为夜间突然打开吸顶灯会过于刺眼。

（5）对于夜间 23:00 至次日 6:00，建议所有传感器设置为只触发少量射灯或者灯带提供微弱的照明。

（6）客厅和餐厅灯光较多，但是控制方式并不复杂。检测到有人活动且光线昏暗可以自动打开灯光，但是无人关闭灯光的延时要尽量时间比较长，因为人可能会在客厅坐着看电视，长时间没有大幅度地移动，导致人体传感器无法探测到有人，所以这个延时一般要在 10 分钟以上。

除此之外，还可以根据环境亮度的不同搭配不同的灯光方案，这一点与个人习惯有关，只需根据各自习惯设置即可。

（7）场景功能根据个人的需求随机搭配即可。

（8）如果有条件，可以在靠近室外的区域设置一个亮度传感器来感受环境亮度，这样可以根据外界亮度来自动调节室内灯光的开启数量，实现更为准确的亮度控制。

5.4　安防系统构建方法

首先，了解构建智能安防系统所需的基本知识。基础知识部分主要介绍安防系统的基本组件。

摄像头 ➜ 摄像头有应用于室外的，也有应用于室内的。室内的摄像头不能用在室外。摄像头的作用就是录制画面。现在的安防摄像头普遍具有移动抓拍功能，监测到物体移动会自动抓拍，可以选择推送给用户，而如果画面没有变化则基本上不需要写入新的数据，存储空间占用也不大，如图 5-13 所示。

图 5-13　网络摄像头

常见的室内摄像头有广角和云台两种，广角的覆盖面积比较大（也就是焦距很短），但是不能移动，云台可以上下左右转动，但是一般视野覆盖的区域较小（也就是焦距较长），两者各有利弊，可以搭配使用。目前绝大部分云台摄像头还不具备自动追踪移动和自动巡检的功能。

门磁 → 可以感应门或者窗的开关状态，如图 5-14 所示。

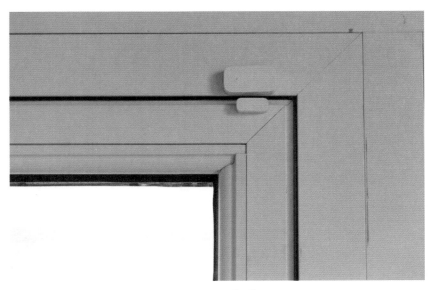

图 5-14　门磁

智能门锁 → 智能门锁现在正在迅速普及，用起来非常方便，一般支持密码、指纹、钥匙等多种方式开锁，同时还具有联动功能和报警功能，例如主人回来可以自动解除警戒状态，而暴力撬锁则会触发报警。

人体红外传感器 → 可以感应人体的移动，当然很多时候它都用作灯光控制的基础传感器，但是对于安防来讲，其作用非常大。

燃气传感器 → 用于监测空气中是否有燃气成分，一般设置在厨房或者有燃气管道进入的卫生间。

水浸传感器 → 用于监测是否有水，一般设置在厨房或者卫生间。

烟雾传感器 → 用于监测是否产生烟雾，一般设置在火灾隐患比较大的区域，例如厨房。有条件的话，可以每个房间安装，如图 5-15 所示。

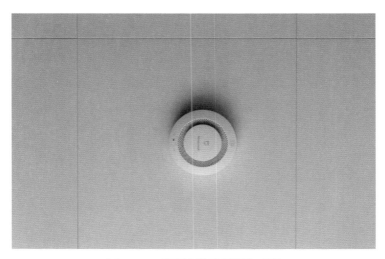

图 5-15　吸顶安装的烟雾传感器

声光报警器 → 主要是在监测到有外人闯入时自动发出高分贝的声音和闪光，威慑力还是很强的。

机械手 → 可以关闭水、气阀门，比如可以与燃气传感器联动，检测到燃气泄漏时关闭燃气阀门，如图 5-16 所示。

图 5-16　机械手可以控制水路或燃气的阀门

智能猫眼 → 智能猫眼并不算是一个必备组件，智能猫眼可以将门口的情况实时显示在屏幕上，相当于在门口放了一个摄像头，如图 5-17 所示。

图 5-17　智能猫眼

它的功能更多样一点，比如支持人脸检测、长时间停留报警等。如果家中有视频矩阵，还可以在有客人来访时自动将画面投到电视或者其他屏幕上。

除以上组件外，有条件的建议加入 UPS 和备用网络出口。

现在的情况下，小偷对安防系统也多少有些了解，一般盗窃入室都会先断掉电源，而如果有了 UPS，则安防系统依然能够正常工作，具有相当的威慑力。

备用网络出口主要是为了防止小偷入室前断掉网络，但是实际上问题不会太大，懂得断掉网络的小偷也不多，除非安防要求非常高，被盗风险很大，可以考虑备用网络。

安装方法如下：

摄像头 → 摄像头分为室内和室外，室内的一般都有底座，可以直接放置，也可以通过螺钉安装在墙壁上或者天花板上。室外的摄像头一般体积比较大，具有防风防雨的设计，多数需要通过膨胀螺钉固定在外墙上，如图 5-18 所示。

图 5-18　智能摄像头

门磁 → 一般情况下使用双面胶安装在门口或者窗口即可。当然，如果想把某个抽屉或者柜子纳入安防，也可以将门磁装在上面，建议装在内部。

智能门锁 → 智能门锁普通用户是没法安装的，但是所有的智能门锁都会提供安装服务，收到后直接联系客服预约上门安装即可。

人体红外传感器 → 人体红外传感器的安装也非常简单，既可以直接放置，也可以用双面胶固定，或者使用支架固定，如图 5-19 所示

图 5-19　安装好的人体传感器

声光报警器 ➡ 声光报警器不一定是个独立的组件，有的智能家居系统直接把网关作为声光报警器，因为网关既能发声也能发光，如小米网关。对于专门的声光报警器，一般固定在墙上即可。

燃气\烟雾传感器 ➡ 安装在厨房或者卫生间的天花板或者墙壁上，一般要安装在比较高的位置，因为烟雾和燃气密度都比较小，会向上流动。当然，也不能装太高，如果太高了不方便定期试验。

水浸传感器 ➡ 放置在厨房或者卫生间的地面有积水风险处。

智能猫眼 ➡ 智能猫眼的安装一般比较容易，摘下原来的猫眼，按照说明书直接装上即可。

机械手 ➡ 普通的机械手一般可以装在燃气或者水的阀门处，建议采用电磁阀，这方面可以参考我的文章《智能家居系统机械手组件的高可靠性替代方案》。

改造实例：

图5-20所示为一套约100平方米的普通户型，两室两厅一厨一卫，实现功能如下。

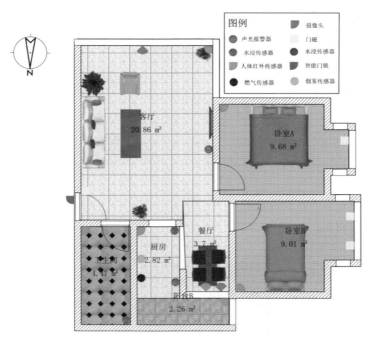

图5-20　100平方米户型

（1）有人恶意或者暴力开锁，自动报警。

（2）有人进入室内，声光报警器报警，同时推送信息给用户。

（3）摄像头记录下全过程，并且在有移动的情况下抓拍照片。

（4）当室内发生漏水、燃气泄漏以及出现烟雾等情况时能够通过声光报警器报警，并推送信息给业主。

构建要点

（1）摄像头并不需要每个区域都设置，只要覆盖重要的路线或者可能入户的区域即可，例如过道、客厅、阳台等。另外，建议使用智能插座直接控制摄像头的电源，离家或者警戒模式开启所有摄像头的电源，回家或者取消警戒模式直接断掉摄像头电源即可，这样完全不用担心在家被偷拍。

（2）门磁的功能和人体红外传感器有一定重复，没必要为所有的门窗都安设门磁。

（3）水浸传感器除了用来检测是否漏水之外，还可以用来检测是否在洗澡，如果你需要为洗澡增加联动的话。

（4）烟雾传感器和燃气传感器受限于原理，建议定期试验，一般烟雾传感器和燃气传感器都有试验按钮，定期按下测试即可。

（5）智能门锁的安装要和门匹配，特别是有的安全门采用大号的霸王锁体，必须要选择对应的智能门锁。

一般智能门锁在购买时要提供在用安全门门锁的尺寸、门闩的照片、门的开关方向、是否有天地钩等，在购买时要注意，不要在不确定的情况下直接下单，有可能会导致不能安装。

安防系统是智能家居的基础系统，可以应对各种非法入侵、燃气泄漏、火灾、漏水等情况，实用性非常强。

同时，安防系统中的门磁或者红外传感器都可以和其他系统共用，虽然安装系统看上去好像成本不低，但是实际上成本并不高，同时其带来的安全感也是非常棒的。

5.5 网络支撑系统构建方法

一般来讲，无线的智能家居系统都少不了 Wi-Fi 的支撑。除了极少数智能家居系统采用有线网关，绝大部分的智能家居系统网关都是使用 Wi-Fi 接入网络。同时，很多智能家居组件直接使用 Wi-Fi 作为通信网络。除此之外，家中的手机、平板、笔记本电脑、智能电视等都需要 Wi-Fi，所以，对于现代家庭来讲，Wi-Fi 覆盖已成为重要的基础性工作，一个强大且稳定的 Wi-Fi 覆盖也是智能家居系统稳定工作的基础。

基础知识：在讨论具体的 Wi-Fi 组建方案之前，需要了解一些 Wi-Fi 的基础知识。

（1）802.11ac：

802.11ac 是一个 WLAN 通信标准，通过 5GHz 频带通信。理论上，它能够提供最多 1Gbit/s 带宽进行通信，或是最少 500Mbit/s 的单一连接传输带宽。802.11ac 每个通道的工作频宽将由 802.11n 的 40MHz，提升到 80MHz 甚至是 160MHz，再加上约 10% 的实际频率调制效率提升，最终理论速度由 802.11n 最高的 600Mbit/s 跃升至 1Gbit/s。

当然，实际传输速率可能在 300 ~ 400Mbit/s，接近目前 802.11n 实际传输速率的 3 倍（目前 802.11n 无线路由器的实际传输速率在 75 ~ 150Mbit/s）。所以，在当前情况下，构建家用 Wi-Fi，802.11ac 是必不可少的。

（2）2.4G 和 5G：

2.4G 和 5G Wi-Fi 通信的两个主要频段，两者各有特色。2.4G 频段覆盖能力更强，但是速度比较慢；5G 覆盖能力差，室内隔上两堵墙基本上信号就衰减得差不多了，但是速度比较快，上面所说的 802.11ac 在 5G 频段工作，速度可达到 1Gbit/s，但是 2.4G 的 802.11n 最快仅能达到 600Mbit/s。所以，当前情况下组建 Wi-Fi，5G 也是必不可少的。

（3）MESH：

MESH 指无线网格网络，它基于网状分布的众多无线接入点的合作和协同，构建一个更大覆盖范围的无线网络，具有动态自组织、自配置、自维护等突出特点，是实现大户型或者别墅无线网络覆盖的利器。

（4）电力猫（穿墙宝）：

电力线通信（Power Line Communication，PLC）技术是把载有信息的高频加载于电流，然后用电线传输接收信息的适配器把高频从电流中分离出来并传送到计算机或电话以实现信息传递。

电力猫即"电力线通信调制解调器"，是通过电力线进行宽带上网的 Modem 的俗称，使用家庭或办公室现有电力线和插座组建成网络，来传输数据。具有即插即用的特点，能通过普通家庭电力线传输网络信号。但是目前电力猫的稳定性及速度受到电力线的限制，工作起来并不稳定，一般情况下仅用于应急使用，不建议正常情况下用它进行组网，如图 5-21 所示。

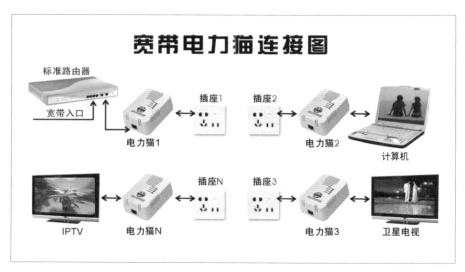

图 5-21 电力猫的工作方式示意

Wi-Fi 构建的基本方法：

━①　单个路由器

仅使用一台无线路由器。优点是成本最低、最简单，但是性能和覆盖能力最差。所以，即使是 50 ～ 60 平方米的小户型，可以使用一台无线路由器覆盖，做智能家居的话，建议使用性能不错的路由器，至少是各个品牌的中端产品，如图 5-22 所示。

图 5-22　无线路由器

━②　子母路由器

子母路由器相当于在单个路由的基础上扩大了覆盖范围，适合 100 平方米以上，150 平方米以下较大的户型，或者在单个路由器覆盖范围出现小的盲区的情况。子母路由器类似于在原来的路由器基础上增加一个中继器，稳定性上比单个路由器差，但是用起来非常方便，如图 5-23 所示。

图 5-23　子母路由器

⌐③　分布式路由器

分布式路由是指具备 MESH 能力的无线路由器，不具备 MESH 的可以认为是子母路由器或者路由器加中继的方式。分布式路由器的性能好于子母路由器，价格也并不高出太多。适合 200 平方米以内的大户型。当然，分布式路由器的摆放是一个问题，虽然分布式路由器并不需要网线，但是路由器之间的距离不能太大，一般在 10 米以内，且不能穿两堵以上的墙，特别是有钢筋混凝土的墙。

⌐④　AC + AP

AC+AP 的方式成本最高，最为复杂，但是性能很强大，覆盖范围最大且可以方便灵活地扩展。其原理是多处设置无线接入点，也就是 AP，然后 AP 都通过网线连接到 POE 交换机上，AC 控制器也连接在交换机上，用于控制所有的 AP，如图 5-24 所示。

图 5-24　AC 无线控制器

⌐⑤　AC + AP 结构

AC+AP 的方式一般需要专门的公司上门设计和布线安装，但是这种方式是 200 平方米以上大户型或者别墅的首选，如图 5-25 所示。

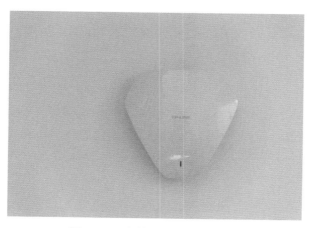

图 5-25　安装好的无线吸顶 AP

100平方米以下，建议使用单个路由器，如果覆盖出现盲区，可以考虑升级为子母路由器或者增加中继。100~150平方米的规则户型，推荐单个路由器加中继或者子母路由器。150~200平方米的大户型，建议分布式路由器或者AC + AP。200平方米以上的大户型及多层别墅，强烈建议采用AC + AP的方式。

5.6 其他系统构建方法

车库、卷帘门、推窗器（包括电动遮阳帘、电动幕布等）这些装置，其实也是用得比较多的，而且很有必要纳入智能控制系统。

这类装置一般采用电动机驱动，而用得比较多的就是交流正反转电动机，当然，这些装置一般都配备了遥控器，控制方式分为以下两种。

① 使用遥控方式控制

车库、卷帘门等配备的遥控器一般是射频遥控，因为红外遥控在日光下效果会大打折扣而且不能有遮挡，射频遥控则没有影响，所以绝大部分车库、卷帘门等设备的遥控都是射频遥控。

射频遥控可以采用具备射频发射接收能力的智能遥控组件来控制，例如博联的RM-pro、Geeklink的射频网关等。对于小米的万能遥控器，因其不具备射频发射接收能力，所以不能直接控制射频遥控，但是可以通过购买射频红外转换组件来实现射频控制。

遥控接入方式的优点是简单方便，不需要改动任何线路，原来的遥控器依然可以用，智能遥控组件直接学习即可实现控制；缺点是控制可靠性偏低，没有控制效果反馈，同时也有一些射频遥控通信方式比较特殊，遥控码很长或者滚动变化，这种一般是无法通过遥控接入的。

②　直接由控制器组件（如智能墙壁开关等）控制

大多数的车库门、卷帘门、电动幕布、推窗器等都使用带有正反转绕组的交流电动机来驱动，表现形式不一样，有的是比较大的管状电动机，有的是小交流电动机带减速器。

幕布、推窗器等使用的多为永磁同步电动机，卷帘门、车库、电动遮阳帘等使用的多为管状电动机，但是一般情况下其控制原理一致，如图 5-26 所示。

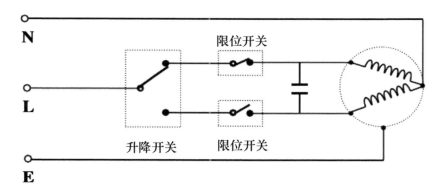

图 5-26　管状电动机的控制接线

其接线一般有 3 ~ 4 条，具体设置如下。

·上行线：图 5-26 中上限位开关所在的线，用于控制卷帘门、幕布等向上运动。

·下行线：图 5-26 中下限位开关所在的线，用于控制卷帘门、幕布等向下运动。

·公共线：图 5-26 中 N，一般接零线。

·地线：图 5-26 中 E，接地，确保安全。部分车库门可能没有地线。

可以作为这种电动机控制器的组件还是很多的，因其控制的方向为两个，所以至少需要两路控制，比如双路零火墙壁开关、双路控制器等都可以实现，甚至两个智能插座都可以，如图 5-27 所示。

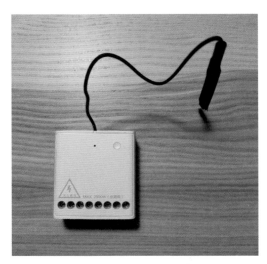

图 5-27 双路控制模块

以小米的双路零火墙壁开关为例进行介绍。

双路零火墙壁开关有四个接线：

L——火线；N——零线；L1——第一路灯；L2——第二路灯。

对应电动机接线的话，接线方式如下：

L1——电动机上行线；L2——电动机下行线；L——电源火线；N——电源零线——电机公共线；电动机地线——直接接地。

这样就实现了当单独按下第一路开关时，车库门、卷帘门、幕布等向上运行，单独按下第二路开关时向下运行。两者都关则电动机停止。当然，要避免出现两路都开的情况。

Aqara 双路控制器也可以用来控制此种电动机，而且更为简单，接线方式如下：

N——电源零线和电动机公共线；L——电源火线；IN——电源火线；IN——电源火线；L1——电动机上行线；L2——电动机下行线；S1——可不接，也可接普通墙壁开关用于手动控制；S2——可不接，也可接普通墙壁开关用于手动控制。

通过此方式接入，虽然原来的遥控器不能使用了，但是这种控制方式更为可靠也更加稳定，当然，此种方式需要自行接线，需要用户动手能力强或者有专门的电工操作。

注意事项

（1）供电电压和电动机的额定电压等级必须一致。目前市面上存在 24V、220V 等不同电压等级的驱动电动机，在实际使用时，必须确定电压等级是完全一致的，建议直接选择 220V 电压的正反转电动机。

（2）220V 正反转电动机上行线和下行线不能同时带电。虽然很多电动机声称有保护装置或者有保护设置，而且一般情况下如果同时供电电动机是不动的。但是建议避免上行线和下行线同时带电，以免发生过热故障。避免的方式可以通过软件设置，只要确保两者不要同时接通即可，比如上行、下行、停止按照如下时序定义为"场景"执行如下：

上行：关闭 L1- 关闭 L2- 打开 L1- 延时 30 秒（确保运行到位即可）- 关闭 L1- 关闭 L2。

下行：关闭 L1- 关闭 L2- 打开 L2- 延时 30 秒（确保运行到位即可）- 关闭 L2- 关闭 L1。

停止：关闭 L1- 关闭 L2。

（3）单火线墙壁开关受限于原理，不适用于控制正反转电动机。

第 6 章

装修与智能家居

（我想要全屋智能，装修时需要注意什么？

已经装修的房子如何改造？）

6.1　装修与智能家居的关系

在智能家居以有线系统为主的时代，智能家居系统必须在装修前进行设计并在装修过程中进行施工，必须做到"三同时"，也就是与装修同时设计、同时施工、同时验收。有线系统涉及众多的组件的布置点位以及设备的预留点位，这些点位之间需要用各种有线线路进行连接，同时很多有线系统还要设置中控机柜。如果户型较大，需要走的线路能达到几十条甚至几百条，甚至需要设置专用的走线桥架，而这些必须在装修前进行设计并且通过吊顶、墙壁开槽等方式把大量的电缆和组件隐藏起来。如果装修完成后想要调整结构或者功能，难度会很大，成本会很高，属于必须一步到位的系统。当然，目前的有线系统依然需要在装修前进行设计并在装修过程中进行施工。

智能家居进入无线时代，智能家居与装修的关系就变得不那么紧凑。特别是单火线技术的应用，使得用量较大的墙壁开关可以轻易地被各种单火线智能墙壁开关替代，从而达到了几乎和装修没有关系的程度。也就是说，当前的无线智能家居系统，基本上和装修没有硬性的关系，无线系统更多的是指组件与组件之间、组件与网关之间、网关与服务器和用户之前用无线的方式进行通信，对于低功耗的组件使用电池供电，但是也很难避免有部分组件依然需要电源供电。比如网关，网关作为智能家居的枢纽，一方面通过各种无线通信技术与各个智能组件之间连接；另一方面通过 Wi-Fi 或者网线接入网络，它的作用非常重要，工作也比较繁忙，网络中大大小小的设备都要通过网关进行通信，所以其功耗是很难控制的。也正因如此，网关基本上都需要接入电源，而电源点位的预留就与装修有关系了。

总体来讲，无线技术的发展让装修和智能家居部署之前的联系非常宽松，并不像有线系统那样严格，对装修的要求和影响都很小，也在很大程度上降低了无线智能家居系统的部署成本，这也为智能家居的迅速发展奠定了一个必要条件。

6.2 全屋智能的装修注意事项

对于绝大部分用户，不建议一步到位，因为智能家居，系统可大可小，功能可多可少，在没有与实际生活相结合的时候，很难考虑全面，所以，强烈建议大部分用户边用边扩展，边玩边调整，首先做一个小系统，然后根据自己的需求，不断地调整、增加模块，慢慢达到全屋智能，而不是提前设计好，随着装修一起安装，当然对于部分非常熟练的智能家居老用户，完全可以一步到位。

近年来，随着无线智能家居系统的快速发展，有线系统在可靠性上的优势已经越来越不明显，现在市场上的主流产品也是无线系统，它们的灵活性强，可以方便地增加、减少组件，方便地调整功能，成本更低，功能也更多，用起来也更方便，本部分所讲的也主要是针对无线的智能家居系统。

对于大部分想安装无线智能家居系统的用户来说，装修时要注意以下几点。

1. 有一个强大稳定的 Wi-Fi 覆盖

无线智能家居系统一般都少不了 Wi-Fi 的支撑，除了极少数智能家居系统采用有线网关，例如 ABB 等。绝大部分的智能家居系统网关都是使用 Wi-Fi，并且，很多智能家居组件直接使用 Wi-Fi 作为通信网络，同时，家中的手机、平板、笔记本电脑、智能电视等都需要 Wi-Fi，再加上 24 小时不间断工作的智能家居系统，所以一个强大且稳定的 Wi-Fi 覆盖是非常必需的。

对于大部分 100 平方米左右及以下的户型，其实一个高性能的无线路由器就足以实现覆盖，当然，户型特殊的就不行了。这个高性能的无线路由器尽量选择千元级产品，市售的 400 元以下产品是不推荐的，一是覆盖范围有限；二是当设备数量较多时，工作稳定性比较差；三是扩展性受到影响，很多高端的功能会受到限制。

对于 100 平方米～ 180 平方米的户型，子母路由器或者路由器加中继算是低成本的选择，但是对于户型复杂的房子，尽量采用 AC + AP 的方式，可以保证比较理想的网络覆盖，如图 6-1 所示。

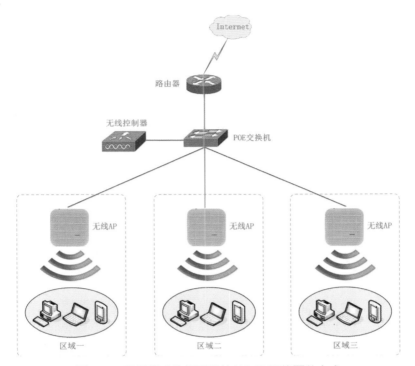

图 6-1 根据需求选择不同的 Wi-Fi 网络覆盖方式

对于 200 平方米以上的复式或者别墅，几乎只能采用 AC + AP 的方式，入户光纤通过路由器接入核心交换机，POE 交换机连接核心交换和无线 AP，设置 AC 控制器，尽量选择商用产品，综合考虑 AP 的位置，合理设置有线网络网口，这就需要一定的专业性，当然，对于住大房子、复式、别墅的用户，直接找相关公司设计 Wi-Fi 覆盖方案是比较稳妥的。

2. 墙壁开关尽量留零线

传统的墙壁开关，都是在火线上安装的开关，一般是不留零线的，但是对于智能家居而言，如果暗盒中没有零线，那么就必须使用单火线的智能墙壁开关。

单火线的智能墙壁开关从火线上取电，在关闭时实际上是处于一种高阻状态，依然有微量的电流通过以实现智能墙壁开关的供电，而这个微弱的电流足矣点亮小功率的灯，特别是 LED 灯，所以单火线的墙壁开关对控制的灯具有要求，功率必须大于一定的数值，否则会出现闪烁，且功率也不能过大。否则容易使智能开关的开关元件发热严重，在实际使用中比较不方便。

而零火线的智能开关则是使用继电器控制，对灯具几乎没有要求，各种灯具无论功率大小都可以控制，使用起来更方便，同时其实现方式简单，成本更低，所以零火线的智能开关价格一般小于单火线的智能开关。综上所述，在墙壁开关的暗盒中预留零线是一个比较理想的方案。

3. 尽量多留插座，最好使用带 USB 接口的插座

智能家居组件有很多是需要电源的，比如智能遥控、无线摄像头等。所以非常有必要在装修时尽可能多地预留插座，这样在后期增加智能组件时不至于找不到可利用的电源插座。特别是准备使用智能窗帘、智能马桶盖等组件的用户，一定不要忘记就近预留电源插座，如图 6-2 所示。

图 6-2　尽量多地预留电源插座

对于很多智能家居组件而言，使用 USB 供电是比较理想的方案，所以很多智能家居组件都有 USB 电源转换器。如果插座上自带 USB 接口，则可以省去组件自带的电源转换器，让系统看上去更简洁。

4. 对于可能使用智能家居组件替换的插座开关，先使用大牌低价产品安装

综上所述，无线智能家居系统，不建议一步到位，对于后期准备替换为智能家居组件的插座和开关，在装修期间可以先购买大牌的低价产品安装。之所以选用大牌产品，是因为这些组件涉及用电安全，不建议使用不知名品牌或者三无产品；之所以选用低价产品是为了考虑节省成本，后期替换下来也不用心疼。

5. 为大件智能组件预留位置

多数的智能组件体积比较小，之前并不需要专门预留位置，当然预留了更好。但是对于大件的智能组件，就必须规划预留位置。比如，智能空气净化器、智能净水机等，都需要提前规划好位置，这样就不至于在后期安装时手忙脚乱。

中央空调预留遥控接收器。对于使用中央空调的用户，一般可以选择 Wi-Fi 组件、线控或者遥控等方式，而要想和智能家居中的智能遥控组件对接，那就很有必要预留遥控接收器了，这样可以方便地使用智能遥控组件来直接控制中央空调。

对于中央空调的 Wi-Fi 组件，可以根据自己的需求添加，毕竟现在的中央空调都是各自品牌的 App 实现 Wi-Fi 控制，互不兼容，而手机使用多个 App 来控制，体验一般，建议预留遥控接收器，直接用智能遥控组件来控制中央空调。

智能家居组件的安装可分为强安装，中等安装和弱安装。

强安装	包括电动窗帘卷帘、智能锁，只能由专业人员进行安装，用户无法自行安装，网上订购电动窗帘、智能锁都自带安装服务，提供上门安装；
中等安装	包括墙壁开关、墙壁插座、人体传感器、双路控制器等，具备基础知识的用户可以在指导下自行安装，也可以将墙壁开关、墙壁插座等的安装交由装修公司电工完成；
弱安装	包括无线开关、小爱同学、水浸传感器、温湿度传感器、网关、烟雾和天然气传感器等，此部分用户可在指导下自行安装。

智能家居系统的安装一般分批次进行，装修前期仅需要在电路改造期间做好预留，在墙面装饰工程（乳胶漆、墙纸等施工）完成后开始安装第一批，包括墙壁开关、墙壁插座等；

第二批为智能门锁、智能窗帘等强安装组件，建议在装修基本完成且窗帘未制作前完成安装（智能窗帘可先安装轨道）；

第三批安装组件包括网关及各种传感器，建议在宽带网络安装完毕，家中无线网络可以正常使用时进行安装，同时在网关连网后将前期安装的墙壁开关、插座、门锁、窗帘等接入系统。

> **注意**
>
> 第二批和第三批可以合并为一批，但是建议提前将窗帘轨道安装到位以悬挂窗帘布。

6.3 装修后改装全屋智能

智能家居在有线系统的时代，改装全屋智能是不现实的，但是无线系统的普及，让装修好的用户也可以方便地部署全屋智能了，如图 6-3 所示。

图 6-3　全屋智能家居系统

在 6.2 节讲述了为全屋智能做的准备，对于装修后改装全屋智能的用户，则相当于上面的准备都没有或者不方便，需要从其他角度来考虑如何实现。

> 网络部分对于 100 平方米左右及以下的小户型，基本上可以实现一个无线路由器实现全宅的 Wi-Fi 覆盖，所以问题不大。

> 对于大户型或者多层别墅，如果网线预留不够，则需要使用具有 Mesh 功能的无线路由器进行 Wi-Fi 的扩展。Mesh 功能的无线路由器通过使用部分 5G 频段的带宽来实现无线路由器不同组件之间的通信，从而扩大覆盖范围。

除此之外，无线中继和电力猫也是一个解决办法，但是实际效果要比使用 Mesh 功能的无线路由器更差，所以不推荐。

传统墙壁开关都没有零线，而重新把所有墙壁开关都穿零线也不现实，其解决办法是使用单火线开关。虽然单火线开关对灯具有要求、稳定性低于零火线开关且价格略高，但是可以实现直接替换传统墙壁开关实现智能接入。

对于无线系统而言，需要使用电源的组件虽然不多，但是对于装修好不便增加墙壁开关的用户，也是一个小问题。尽量选择适用电池供电的组件，例如选用电池供电的智能窗帘电动机，虽然价格略高，但是省去了布线的费用。

用户也可以沿着踢脚线或者墙角区域走同颜色明线，甚至可以通过踢脚线内部的空腔穿线为更多的设备提供电源。这些都与具体的户型有关，用户可根据实际情况选择适当的方法解决组件的供电问题。

第 7 章

智能家居的日常
应用和维护

（一套智能家居系统，我要如何使
用？需要定期维护吗？哪些习惯和
传统家居是完全不一样的？）

7.1　智能家居的软件应用

一个典型的智能家居控制 App，一般包括设备页、智能页、个人页几个大的主页面，然后包含添加设备、设备设置、语音入口等页面。

首次使用智能家居 App，需要注册，现在多为手机号注册，非常方便。注册完成后通过添加设备页面添加相关设备和组件，然后进入设备的设置页面进行设置，根据自己的生活习惯来设置场景和自动化，整个系统就可以正常使用了。

对于大部分用户来说，场景和自动化都要结合自己日常的生活习惯来慢慢修改完善。现在有很多智能家居的服务商，开始就设置很多常用的场景和自动化，可以让用户一开始就能充分体验智能家居系统的功能，这样做不可谓不好，但是对于用户来说，其实大家生活习惯和家庭动线可能并不相同，在自己的日常使用中，还是要不断地去调整场景和自动化，这样可以让智能家居更加个性化，也更加实用。

下面介绍这些常见页面。

① 设备页（见图 7-1）

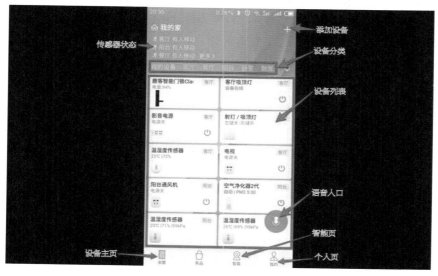

图 7-1　设备页

　　设备页一般将所有设备都罗列出来，在这里用户可以直接控制所有设备。因为一个智能家庭一般用到的设备很多，所以大多数情况下，设备页都会根据房间、设备类型进行分类。也就是说，所有对单个设备的控制，一般都可以在这里实现。如图 7-2 所示为智能插座的控制页面。

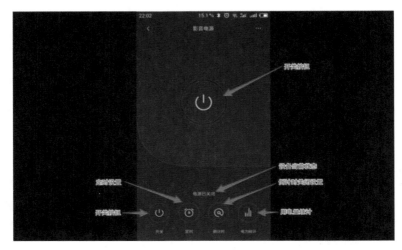

图 7-2　控制页面

②　**个人页**（见图 7-3 所示）

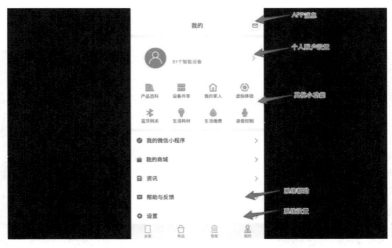

图 7-3　个人页

　　个人页是个人账户的登录、注销、个人信息设置和 App 的设置、帮助、版本信息等。需要的东西并不多，大家需要注意以下几点。

此处的设置是指整个智能家居系统和 App 的总体设置，并不包含每个组件（设备）的名称属性等的设置。

对于智能家居来讲，目前多数厂家都实现了登录 App 即可云端同步自己的所有设备，然后就可以控制这些设备。所以需要设置比较可靠的密码，一定避免"1234567890""888888""aaaaaa"或者自己名字、房间号等简单的特别容易猜中的密码。

目前大部分智能家居 App 的帮助和反馈功能都做得不错，大家遇到问题时可首先在帮助中查找一些相关的解决办法，对于使用中发现的问题，最好及时通过 App 反馈，方便厂家迅速修改完善。

③　设备添加页（见图 7-4）

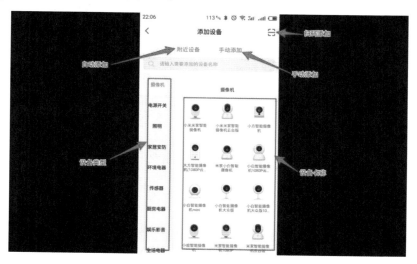

图 7-4　设备添加页

不同的智能家居 App 的设备添加方式大同小异，一般情况下都有自动添加、手动添加和扫码添加三种方式，这三种方式的特点如下。

①　自动添加最简单

系统会自动扫描到需要添加的设备，用户只需点击扫描到的设备，然后进行设置，此设备就可以使用了。这种方式虽然简单，但并不是所有设备都支持自动添加，对于无法自动添加的设备，只能采用手动添加和扫码添加的方式。

② **手动添加的方式**

适用于所有组件，但是需要提前知道组件的名称和类型，在设备类型列表和设备名称列表中找到设备，然后按照系统提示进行添加即可。

③ **扫码添加的方式**

适合新买的设备在无法自动添加的情况下使用，因为设备的二维码一般印制在包装盒上，有盒子的情况下直接使用这种方式添加非常快速，但是对于一些二维码磨损或者盒子丢失的设备，在不能自动添加的情况下，就只能手动添加了。

7.2 智能家居的系统设置

智能家居的系统设置包括系统的设置、组件的设置、场景和自动化的设置。系统的设置在上一节已经做了简单的讲解，本节的主要内容是组件设置及场景和自动化的设置。

组件的设置 → 主要包括设备的功能设置、名称设置、位置设置、安全设置等。

设备功能设置 → 主要是对设备的功能进行设置，例如智能插座的断电记忆功能开关、充电保护功能开关、是否关闭指示灯、电量统计方式等；摄像头会有画质、分辨率、休眠、指示灯、音量、画面矫正、夜视方式等诸多设置；几乎每个设备都有对自身功能进行设置的部分。

名称设置 → 即设置设备的名称，在智能音箱未普及之前，设备名称的设置没有太多要求，用户能把握即可，但是有了智能音箱之后，用户需要通过设备名称来语音控制设备，这就要求设备名称的设置要简洁明了，且用户最好能记住设备名称。

当家中某些设备较多的时候，最好有名称来区分这些设备。例如客厅有三盏不同的灯，但是灯 1、灯 2、灯 3 这样的名字就是不可取的，用起来的不方便，而吸顶灯、轨道灯、灯带、主灯这样的名字就可以明显地区分开，如果觉得麻烦，取名叫小红、小白、小黑也是可以的，但是这就需要用户自己清晰地记住各个灯的名称。

位置设置 → 主要用来设置设备所处的位置，一是可以根据房间对设备进行分类；二是在使用语音控制时，通过房间来定位设备，位置需要准确设置。

安全设置 → 主要是针对组件本身提供的安全功能，例如控制设备需要通过密码或者指纹验证等。家中的车库门可能涉及安全，可以将控制车库门的控制器加入指纹验证，这样只有授权人才能使用 App 来控制车库门。

场景和自动化的设置 → 是智能家居应用中最重要的内容，关于场景和自动化的分类，有很多不同的方式，目前也没有统一的标准，为了讲述方便按照图 7-5 所示的方式进行分类。

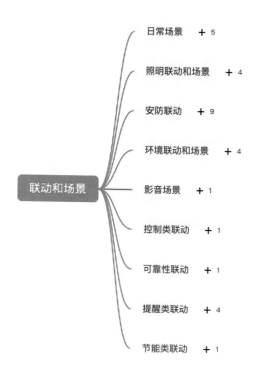

图 7-5　场景和自动化分类

日常场景注意事项

日常场景主要是指大家应用较多的场景，包括离家、回家、早安、晚安等。

（1）照明的联动和场景是应用最多的场景，所以把它们归为一类。

（2）安防联动主要是指各种消防类、安全防范类的联动。

（3）环境联动和场景主要是与温度、湿度、空气质量、通风与空气流动相关的场景。

（4）影音场景和联动主要是指与视频、音频设备有关的联动。

（5）控制类联动是指牵扯到控制权转移的联动，如无线开关控制车库门等。

（6）可靠性联动是指通过联动来提高系统的可靠性，如自动关窗器位置监测类联动。

（7）提醒类联动是指系统通过联动方式向用户发出提醒，如使用智能音响来反馈设备状态等。

（8）节能类联动是指从能源节约的角度来控制一些设备的开停和运行状态。

各种不同的类别也有相互交叉的部分，多个类别也有同时在一个场景或者联动中的时候，以上分类主要是为了介绍更方便。

①　日常场景

日常场景是指大家应用较多的场景，包括离家、回家、早安、晚安等。这一类场景几乎每天都会用到，这里进行简要的总结，让大家了解每个场景的适用情况以及基本设置方法。

②　离家场景

离家场景在离家的时候执行，此场景最理想的触发设备是智能门锁的"上提反锁"动作，可以使用联动（如果"门锁上提反锁"则"执行离家场景"）。对于没有智能门锁的用户，此场景也可以由智能音响触发，比如对小爱同学说"再见！"让小爱同学执行"离家场景"即可。

离家场景包含的内容是：关闭所有灯光、关闭所有净化器、关闭新风机、关闭风扇、关闭加湿器、关闭空调、关闭热水器、智能音响停止播放、关闭其他各类电源、打开室内监控摄像头、开启警戒模式、打扫机器人开始清扫。

需要注意的是，在一些情况下，因为打扫机器人的移动有可能会触发人体传感器报警，这是因为打扫机器人工作一段时间后，其排出的废气温度很可能接近人体温度，而打扫机器人又是移动的，容易被人体传感器感应到。

如果出现此类问题，解决的办法是增加两个联动：

联动 1：如果"打扫机器人开始扫地"，则"对应网关关闭警戒模式"。

联动 2：如果"打扫机器人开始回充"，则"对应网关开启警戒模式"。

在离家场景中，将上述联动1和联动2打开，即可避免误触发问题。对应的，在回家模式中，将此联动1和联动2关闭。

③　回家场景

回家场景在回家时执行，此场景比较理想的触发方式是智能门锁的"指纹开锁"，可以使用联动（如果"任意指纹开锁"则"执行回家场景"）。对于没有智能门锁的用户，此场景也可以由智能音响触发，比如对小爱同学说"天王盖地虎"，让小爱同学执行"回家场景"。

回家场景包含的内容是：关闭警戒、关闭室内监控摄像头、打扫机器人回充、开启热水器、智能音响继续播放、打开各类电源等。

4 早安场景

早安场景是指起床时执行的场景，主要内容是：拉开窗帘、智能音响播放当天的天气预报和行程安排等、音响系统播放音乐、关闭卧室空调、开启夜间用的自动化、关闭白天用的自动化等。

对于生活有规律的上班族，早安场景可以定时触发，比如建立定时：早上7∶00执行"早安场景"，对于生活不规律的用户，则可以通过智能音响触发，比如对小爱同学说"早上好"。

早安场景比较适合关闭一些夜间使用的自动化，开启白天使用的自动化。

5 晚安场景

晚安场景是指睡觉前执行的场景，主要内容是：关闭窗帘、关闭各类灯光、关闭音响系统、关闭白天使用的自动化、开启夜间使用的自动化等。

晚安场景建议由智能音响触发，比如对小爱同学说"晚安"。

晚安场景比较适合开启一些夜间使用的自动化，关闭白天使用的自动化，例如，夜间卫生间有人移动则开启比较昏暗的灯光，而白天有人移动且亮度暗则开启比较亮的灯光。如果不是每天执行晚安和早安场景，这些白天与夜间使用的不同的自动化也可以定时开启关闭或者为每个自动化设置有效时间范围。例如：

> 联动1：如果"卫生间有人移动且亮度暗"，则"开启卫生间主灯""开启卫生间灯带并设置为亮光模式" 有效时间（7:00—19:00）。
>
> 联动2：如果"卫生间有人移动且亮度暗"则"开启卫生间灯带并设置为暗光模式" 有效时间（19:00—7:00）。

以上所述只是基本的日常场景，用户还可以根据需求建立各种日常场景，比如，浪漫场景、激情场景、午睡场景、下午茶场景等。

1 照明联动和场景

照明联动和场景是应用最多的场景和联动，大部分用户的智能家居之旅是开启于照明系统的。

②　照明系统场景

照明系统的场景很容易理解，智能家居时代，灯光的控制不再局限于一个开关控制一盏灯，而是控制一系列的灯，比如可以设置不同的照明模式，例如：

最亮照明 ➔ 所有灯光全开，亮度全部调到最亮。

氛围照明 ➔ 所有灯带、筒灯、射灯、落地灯等氛围灯光开启，关闭主灯。

浪漫照明 ➔ 可调光灯具颜色调整为粉红色或暗黄色，关闭主灯，打开部分氛围灯。

最暗照明 ➔ 可调光灯具开启，并把亮度调到最暗。

标准照明 ➔ 开启主灯，根据需求开启部分灯带、筒灯、射灯、落地灯等。

不同的照明场景还有很多，各种不同的照明模式可以由智能音响触发，也可以由墙壁上的智能开关按键触发，例如，3 个双键的墙壁开关，可以将 6 个按键自右向左设置为：照明全关、最暗照明、氛围照明、浪漫照明、标准照明、最亮照明，这样可以更方便地控制整个房间的照明。

对于接入智能家居系统的电动窗帘和电动遮阳帘，也完全可以和照明系统一并联动，例如，在氛围照明和浪漫照明时关闭窗纱，在标准照明或者最亮照明时开启遮阳帘。

③　照明系统联动

照明系统的联动设置看似简单，但是需要考虑的因素还是很多的。

根据照明时间的不同，把照明分为短时照明和长时照明。

短时照明 ➔ 是指人离开短时间内就需要关闭的照明，例如卫生间、厨房、过道、门厅、阳台等区域的照明；

长时照明 ➔ 是指人即使离开也不能短时间内关闭的照明，例如客厅、餐厅、卧室等区域的照明。

对于短时照明，推荐的联动方式如下。

联动 1：如果"有人移动且亮度暗"则"开启照明"。

联动 2：如果"X（一般为 3～10）分钟内无人移动"则"关闭照明"。

这两个智能必须成对设置，一定要记住，一个开灯，一个关灯。

对于长时照明，联动方式可以作为开灯条件，但是关灯条件要充分考虑。

所以上文联动 1 依然可以使用，但是联动 2 则不适宜。

联动 2 可以修改为：如果"X（一般为 60 以上）分钟内无人移动"则"关闭照明"。

可以先进入低亮度照明状态，后关闭，联动方式如下。

联动 3：如果"X（30 ～ 60）分钟内无人移动"则"开启最暗照明场景"。

联动 4：如果"X（60 ～ 120）分钟内无人移动"则"关闭照明"。

以上主要是应对大部分情况下的照明，还有一些照明系统常见的问题，这些问题的主要原因基本上是当前情况下人体传感器只能传感人体的动态，而对静止的人体没有反应，其解决办法如下。

① 晚上起夜触发卧室照明

对于此问题，比较理想的解决办法是在卧室床下设置一个或两个人体传感器，这样夜晚下床时可以探测到起夜，可开启最低亮度照明。当然，卧室人体传感器的有人移动开灯功能要在晚安场景里关闭。

② 如厕时卫生间关灯

这个问题，网上有很多的解决方案，但是多数比较复杂，可靠性有待考量。比较简单的方法是在坐便器旁边正对人体头部位置的地方，就近（30 ～ 50cm）设置一个人体传感器，因为人体传感器越近，感应微小移动的能力越强，只要有很小幅度的移动就可以保证人体传感器感应到，人体头部在如厕过程中一般都会有微小的移动，从而保证灯的正常开启。

③ 大空间有感应死角，导致无法自动开灯或自动关灯

对于超过 15 平方米的大空间，或者是形状不规则的空间，一个人体传感器的感应能力一般是不够的。在这种情况下，人体传感器需要对角设置，如果空间范围更大，则需要增加更多的人体传感器。

如果增加人体传感器比较难，则可以让少数的人体传感器面对主要活动区域或者进出必经区域，这样可以一定程度上提高准确度。

④ 安防联动

安防联动主要是指各种消防类、安全防范类的联动。

实现安防功能用到的组件主要是烟雾传感器、天然气传感器、漏水传感器、人体传感器、摄像头、门窗传感器等。

根据安防发挥作用的时段不同，把安防联动分为全时安防和离家安防两类。

全时安防 →

即在任何时候都要发挥作用的安防，包括烟雾探测、天然气探测、漏水探测、室外摄像头等，这些设备要一直工作。虽然很多传感器本身已经具备一定的提醒功能，但是受限于电源供应和安装位置，其提醒能力一般较弱，所以对这些提醒可以增加以下联动。

联动 1：如果（烟雾传感器探测到烟雾）则（X 网关播放报警声音）（智能音响播放 "X 区域探测到烟雾"）（向手机发送通知）。

联动 2：如果（天然气传感器探测到燃气泄漏）则（X 网关播放报警声音）（智能音响小爱同学播放 "X 区域探测到燃气泄漏"）（向手机发送通知）（开启油烟机排风）。

联动 3：如果（水浸传感器监测到漏水）则（X 网关播放报警声音）（智能音响播放 "X 区域探测到漏水"）（向手机发送通知）（电动阀门自动关闭水阀）。

设置完成后，可以在很大程度上提高报警效果。对于多网关的系统，可以让所有网关都播放报警声音，这样可以快速提醒。对于手机 App 消息推送，需要注意的是，为了更好地接收消息推送，一定要让 App 在后台常驻。

离家安防 →

离家安防是指在家中无人的时候开启的安防系统，在全时安防的基础上，离家安防主要是针对非法入侵的安防，这类设置比较简单，以小米系统为例，在每个网关的警戒设置中的 "报警触发设备" 添加相应的传感器即可，如图7-6所示。

当网关进入警戒模式时，如果有任何一个网关的传感器被触发，网关即可进行声光报警并将信息推送到用户手机 App。在网关的报警设置中有 "网关联动报警" 选项，也就是说一个网关发生报警，可联动本系统内的其他网关一并报警，建议该选项一定要开启。

如果有摄像头类安防设备，摄像头还可自动记录报警时刻视频并发送到用户手机。

对于监控摄像头，建议在有人在家的状态时室内摄像头保持休眠或者关闭

（如果不放心摄像头安全性可通过智能插座直接断掉摄像头电源），离家模式时开启室内监控摄像头。

图 7-6　警戒页面

⑤　环境联动

环境联动和场景主要是与温度、湿度、空气质量、通风与空气流动相关的场景。

温度控制 →

主要是通过传感器传感的温度数据来控制空调、地暖等制冷制热设备的运行。一般有两种方式，一种是有人存在且温度不适宜，则开启相应设备，联动方式如下。

联动1：如果（X房间温度大于26℃）且（有人移动）则（开启空调并调整为制冷模式，设置温度25℃）。

联动2：如果（X房间温度低于20℃）且（有人移动）则（开启空调并调整为制热模式，设置温度23℃）。

联动3：如果[无人移动超过X（60～120）分钟]则（关闭空调）。

这种方式的优势在于更加节约能源，只控制有人存在的房间的温度，缺点是刚进入时温度不一定适宜。另外需要注意的是，如果房间为卧室，则不适宜使用联动 3 关闭空调，可以直接在早安场景中关闭空调或者定时关闭。

另一种是室内所有房间保持恒温，适合地暖等一直开启的设备，这种情况可以结合离家模式和回家模式，在离家模式中关闭所有制冷、制热设备，在回家模式中开启制冷、制热设备即可。

这种方式的优势是只要在家，各个房间温度都是适宜的，但是从能源节约的角度看，有些浪费，用户可以根据实际情况选择两种不同的方式。

湿度控制 →

主要结合加湿器和空调的除湿功能，依据湿度传感器的湿度数据进行控制，控制方式与温度控制类似，比较适宜的控制方式是有人在房间则控制房间湿度，联动方式如下。

联动 1：如果（X 房间湿度高于 65%）且（有人移动）则（开启空调并调整为除湿模式）。

联动 2：如果（X 房间湿度低于 40%）且（有人移动）则（开启加湿器）。

联动 3：如果[无人移动超过 X（60～120）分钟]则（关闭空调）（关闭加湿器）

如果加湿器不具备恒湿功能，则要增加以下联动。

联动 4：如果（X 房间湿度高于 55%）则（关闭加湿器）。

需要注意的是，如果房间为卧室，则不适宜使用联动 3 关闭空调和加湿器，可以直接在早安场景中关闭空调和加湿器或者定时关闭。

空气质量、通风与空气流动 →

空气质量、通风与空气流动控制应该结合在一起来看，主要依据的数据是室内的空气质量，也就是 PM2.5 数据或者 AQI 数据，需要控制的设备为空气净化器、风扇和新风系统。

对于空气净化器的控制，比较理想的方式是根据人员移动自动控制，联动方式如下。

联动 1：如果（X 房间空气 AQI 大于 50）且（有人移动）则（开启空气净化器）。

联动 2：如果 [无人移动超过 X（60 ～ 120）分钟] 则（关闭空气净化器）。

如果不具备监测室内PM2.5的能力，也可以配合天气预报来控制空气净化器，联动如下：

联动 3：如果（X 地空气 AQI 大于 75）且（有人移动）则（开启空气净化器）。

联动 4：如果（X 地空气 AQI 小于 50）或 [无人移动超过 X（60 ～ 120）分钟] 则（关闭空气净化器）。

对于风扇的使用，目前相对较少，主要是在气温略高时通过空气流动来提升舒适性，可以使用以下简单的联动。

联动 5：如果（X 房间温度大于 26 度）且（有人移动）则（开启风扇）。

联动 6：如果 [无人移动超过 X（60 ～ 120）分钟] 则（关闭风扇）。

对于新风系统，比较理想的方式是在离家模式中关闭，在回家模式中开启，这样可以一直保证室内的换气和空气质量，如果有条件，还可以配合室内空气质量和室外空气质量自动调节挡位，联动如下。

联动 7：如果（室内空气质量大于 75）则（新风系统调到中等风速）。

联动 8：如果（室内空气质量大于 100）则（新风系统调到最高风速）。

联动 9：如果（室内空气质量小于 50）则（新风系统调到低风速）。

注意，以上联动 7 ～ 9 在离家模式中关闭，在回家模式中开启。

对于单向流的新风系统（仅进风），当开启油烟机时，适宜开到最大风速，可以一定程度上防止油烟机造成的负压吸入外界不洁空气，联动如下。

联动 10：如果（油烟机打开）则（新风系统风速调到最高风速）。

联动 11：如果（油烟机关闭）则（新风系统调到最高风速）（延时 10 分钟）（新风系统调到中等或低风速）。

⚊⑥ 影音场景和联动

影音场景和联动 主要是指与视频、音频设备有关的联动。

例如小米电视、小爱音响等，在场景和联动方面比较简单。用户可以设置以下联动实现主人（或其他人）回家自动播放音乐，离家出门自动停止播放。

联动 1：如果（门锁上提反锁）则（小爱音响停止播放）。

联动 2：如果（我的指纹开锁）则（小爱音响播放音乐）。

联动 3：如果（任意指纹开锁）则（背景音乐系统播放音乐）。

对于使用投影机、幕布、音箱功放、Hi-Fi 级 CD 播放机、蓝光播放机等相对高端的影音设备时，影音场景就非常重要。因为这样的组合在实际使用时，其开启和关闭都有一系列的顺序，同时还需要与其他系统一并控制，相比较复杂。当以影音场景的方式实现时，很大程度上方便用户，获得一句话就能实现看电影、听音乐的体验。

例如 Hi-Fi 级的音响系统，在播放音乐时，首先开启音频系统的电源，打开功放系统，等功放系统进入工作状态后，选择相应的声音输入信号，然后打开 Hi-Fi 级 CD 播放机，等播放机启动后发送播放指令；而在停止系统时，首先关闭 CD 播放机，其次恢复功放的声音输入选择以便下次使用，再次关闭功放，最后关闭音频系统电源，场景化实现如下。

开启场景 Hi-Fi 音乐	打开音频系统电源→延时 2 秒→打开功放机→延时 10 秒（等待功放机完全启动）→选择音频输入信号→开启 CD 播放机→延时 10 秒（等待 CD 播放机完全启动）→发送播放指令。
关闭场景 Hi-Fi 音乐	CD 播放机停止播放→关闭 CD 播放机→恢复功放机的音频输入信号→延时 3 秒→关闭功放机→延时 3 秒→关闭音频系统电源。

对于家庭影院系统，其在开启和关闭时执行的项目更多了，下面两个场景是以电动幕布投影机系统为例的电影场景。

电影开始场景	开启影音系统电源→延时 3 秒→开启功放系统→电动幕布下降→开启投影机→延时 10 秒→开启蓝光播放机→选择投影机信号源为蓝光播放机→选择功放系统信号源为蓝光播放机→延时 10 秒（等待幕布下降到位）→关闭室内灯光（或室内灯光最暗）→关闭房间窗帘→电动幕布停止→智能音箱告知"影院系统准备好了"。

电影结束场景	电动幕布上升→打开室内灯光→关闭投影机→延时3秒→关闭蓝光播放机→功放系统信号源恢复默认→打开房间窗帘→延时3秒→关闭功放系统→延时10秒（等待幕布收回）→电动幕布停止→延时（1秒）→关闭影音系统电源→智能音箱告知"已退出影院模式"。

以上两个场景只是典型的例子，用户在使用时可以根据自己的情况修改。这类场景比较理想的触发方式是智能音箱，例如，可以设置小爱同学在接到"我想看电影""我要看电影""看电影"之类指令时执行电影开始场景，在接到"音乐""我想听音乐""music"等指令时执行 Hi-Fi 音乐开启场景。

⑦ 控制类联动

控制类联动 是指牵涉控制权转移的联动，例如，通过设置实现双控开关效果、无线开关控制车库门等。

控制权的转移使用的联动方式：如果（控制设备动作触发）则（被控设备执行 X 操作）。

在智能家居的日常使用中，这种控制权的转移经常用到。例如双控开关，在智能家居时代，不需要为任何双控开关布线，只需将灯光的控制权复制到另一个智能墙壁开关上即可。例如，需要将卧室主灯的控制权放到床头处墙壁开关的左键上，即床头处墙壁开关的左键单击动作触发就执行卧室主灯的开 / 关，设置如下。

联动 1：如果（床头处墙壁开关左键单击）则（开 / 关卧室主灯）。

对于接入智能家居控制系统的车库门，则可以通过在车库门内设置一个无线开关，通过无线开关的单击、双击、长按动作来实现对管状电动机控制的车库门（第一路控制车库门开启，第二路控制车库门关闭）的控制，例如单击开门、双击关门、长按停止的设置。

联动 2：如果（无线开关单击）则（车库门控制器开启第一路）（延时 30 秒）（车库门控制器关闭第一路）。

联动 3：如果（无线开关双击）则（车库门控制器开启第二路）（延时 30 秒）（车库门控制器关闭第二路）。

联动 4：如果（无线开关长按）则（车库门控制器关闭第一路）（车库门控制器关闭第二路）。

还有在照明场景和联动部分提到的将多个不同的照明模式分配到不同的墙壁开关上，实现一键控制多个灯的效果，都是控制权的转移。

对于智能家居系统来讲，有了控制权的转移，在装修布线阶段就不局限于必须哪一路开关控制哪一路灯，只要保证墙壁开关在美观的位置，控制哪一路灯光则就近设置，可减少物理线路的走线，而入住后期望哪一个开关控制哪一路灯光或者灯光场景，只需在 App 中设置即可。如果墙壁开关或者其他控制组件的按键数不够用，可以应用以下方式。

场景 1：客厅灯光柔和（主灯亮度 60%、开启灯带、关闭射灯、打开落地灯），关闭自动化 1、关闭自动化 3，开启联动 6。

场景 2：客厅灯光最亮（主灯亮度 100%、开启灯带、开启射灯、打开落地灯），关闭自动化 2、关闭自动化 1，开启联动 7。

场景 3：客厅灯光全关（主灯关闭、关闭灯带、关闭射灯、关闭落地灯），关闭自动化 3、关闭自动化 2，开启联动 5。

联动 5：按下无线开关按钮 X，则执行场景 1。

联动 6（默认关闭）：按下无线开关按钮 X，则执行场景 2。

联动 7（默认关闭）：按下无线开关按钮 X，则执行场景 3。

通过以上场景和联动的设置，可以实现按一下按钮 X 为客厅灯光柔和，再按一下为客厅灯光最亮，再按一下为客厅灯光全关。

⬭⑧　可靠性联动

可靠性联动 是指通过联动来提高系统的可靠性，例如自动关窗器位置监测类联动。

可靠性是智能家居必备的一个特性，但是可靠性是相对的，不是绝对的，任何情况下，都只能是相对可靠，没有任何东西能做到绝对可靠。

对于智能家居系统中的一些组件，通过联动来提高其可靠性是比较理想的办法。例如推窗器，其推窗过程中虽然有到位监测功能，也就是到位停止，但是对于其动作是否执行到位，对智能家居系统来讲是无法获知的。所以，可以在关窗到位的位置增加一个门窗传感器让智能家居系统判断推窗器的动作是否到位，联动如下。

联动 1：如果（关窗到位传感器关闭）则（停止关窗器关窗）（向 App 发送"关窗到位"通知）。

联动 2：如果（关窗到位传感器打开）则（向 App 发送"关窗器打开窗子"通知）。

当然，还可以根据天气情况更准确地控制联动。

联动 3：如果（天气为下雨）且（关窗到位传感器打开）则（关窗器关窗）（向 App 发送"下雨已自动关闭窗子"）。

有了以上两个联动，不仅可以让系统更精确地控制关窗器，同时还为关窗器的运行多了一道保障，进而提升了可靠性。

车库门控制也能类似，可以在车库门打开的位置（车库门打开传感器）和关闭（车库门关闭传感器）的位置分别设置门窗传感器，这样智能家居系统就可以获知车库门的状态，能更好地控制车库门电动机，也可以让用户随时了解车库门开启关闭的状态，联动如下。

联动 4：如果（车库门关闭传感器"打开"）则（智能音箱播放"车库门正在开启"）（手机 App 推送消息"车库门正在开启"）。

联动 5：如果（车库门关闭传感器"关闭"）则（停止车库门关闭电动机运行）（智能音箱播放"车库门已关闭"）（手机 App 推送消息"车库门已关闭"）。

联动 6：如果（车库门打开传感器"关闭"）则（停止车库门开启电动机运行）（智能音箱播放"车库门开启到位"）。

联动 7：如果（车库门打开传感器"打开"）则（智能音箱播放"车库门正在关闭"）。

以上 4 条联动一方面为车库门电动机的运行提供了又一道"限位"保障，另一方面也让系统可以方便地将车库门的运行情况通过智能音箱或者 App 的方式推送给用户，方便用户获知车库门信息。

⑨ 提醒类联动

提醒类联动 是指系统通过联动方式向用户发出提醒，例如使用智能音响反馈设备状态等。

在智能家居系统中，可以用作提醒的方式包括手机 App 提醒、智能音箱语音提醒、声光提醒、某些设备状态提醒。

　　手机 App 提醒和智能音箱语音提醒，在可靠性联动段已经多次使用，例如可靠性联动中的 4 和 5。

　　均通过智能音箱和手机 App 向用户推送车库门状态的消息，这对用户来说就是一种提醒。

　　对于声光提醒和某些设备状态提醒，也可以方便用户了解信息。例如，米家多功能网关就可以播放声音和通过自带的灯光实现声光提醒的功能，一些智能灯也带有一些提醒功能。再如，Yeelight 的吸顶灯带有闪烁提醒功能，将灯的状态设置为闪烁提醒，这时灯光会以明暗交替的方式提醒用户。

　　这些提醒方式可以用在各种方面（如在照顾婴儿时）。

　　联动 1：如果（婴儿房间智能摄影机"侦测到移动"）则（客厅吸顶灯"闪烁提醒"）

　　可以让婴儿房间的婴儿睡醒后立即通知在客厅的父母及时照顾。

　　联动 2：如果（婴儿房间温度"高于 26℃"）则（X 网关"红色灯光闪烁"）。

　　联动 3：如果（婴儿房间温度"低于 23℃"）则（X 网关"蓝色灯光闪烁"）。

　　联动 4：如果（婴儿房间湿度"高于 65%"）则（X 网关"绿色灯光闪烁"）。

　　联动 5：如果（婴儿房间湿度"低于 45%"）则（X 网关"黄色灯光闪烁"）。

　　联动 6：如果（婴儿房间空气 AQI"高于 75"）则（X 网关"褐色灯光闪烁"）。

　　可以在无声的情况下让父母了解到婴儿房间的温度、湿度和空气质量情况，并随时采取措施。

⊂10　节能类联动

　　节能类联动 是指从能源节约的角度控制一些设备的开停或者工作状态。

　　这类联动可通过与其他场景的配合来实现。配合回家场景和离家场景，把家中无人时将需要节能关闭的设备放在离家场景里关闭，在回家场景中开启，例如离家场景中关闭热水器、风扇、净化器等。配合早安场景和晚安场景，在晚上将需要节能关闭的设备放在晚安场景中关闭，在早安场景中打开，例如晚安场景关闭客厅的空气净化器、厨房的小厨宝，早安场景打开上述设备。

如果要实现更精确的控制，可以和人体传感器联动实现，联动如下。

联动 1：如果（X 卫生间有人移动）则（开启 X 卫生间的小厨宝）。

联动 2：如果 [X 卫生间 X（60～120 分钟）无人移动] 则（关闭小厨宝）。

这类节能联动对于大平层和别墅等大户型格外重要，因为这类户型的用电设备更多，而很多房间或者区域很可能长时间用不到。这样，这些区域在探测不到人员时可以关闭一些设备，长期下来，节能效果还是比较可观的。

对于生活比较规律的家庭，也可以利用定时和日出、日落时间来控制一些设备的运行，从而实现节能的目的。例如，配合空调伴侣功能可以定时控制卧室温度，实现更舒适和更节能的效果，如图 7-7 所示。

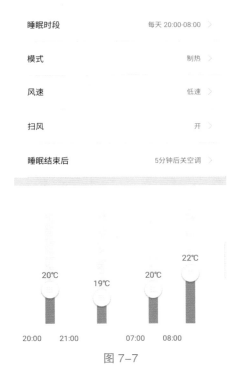

图 7-7

例如，别墅天井的遮阳篷，在冬季可以使用以下联动来更多地获得阳光的热量。

联动 3：时间（日出后）则（延时 60 分钟）（打开遮阳篷）。

联动 4：时间（日落后）则（关闭遮阳篷）。

夏季则可以用以下联动来避免太阳照射，夜晚更好地降温。

联动 5：时间（日出后）则（关闭遮阳篷）。

联动 6：时间（日落后）则（延时 120 分钟）（打开遮阳篷）。

对于新风系统，可以配合室外温度及天气情况，更高效地换气，同时节约能源。例如，夏季夜间可以增加风量，充分利用夜间的凉爽空气。

联动 7：如果（外界温度"低于 25 度"）则（新风系统风量调到最大）生效时间（2：00—6：00）。

联动 8：时间（6：00）则（新风系统恢复默认风速）。

7.3 智能家居的日常维护

智能家居系统是一个相对复杂比较大的系统，该系统在日常运行时会有很多和用户的需求不一致的地方，即使是专业的智能家居设计师根据用户的需求定制个性化方案也避免不了。

用户在实际使用时，实际生活的流程或者方式与当时智能家居设计师考虑不一致的情况也会经常出现。同时，用户的生活习惯也会随着家庭状态的变化而变化，甚至有时候会发生巨大的变化，例如，有孩子的家庭和没有孩子的家庭是完全不同的两种生活状态。

这些都会导致整个智能家居系统的运行并不能完全贴合用户的生活习惯，这也要求整个智能家居系统要不断地根据用户的生活习惯来调整系统的功能。在功能不断适应用户的同时要保证整个系统的正常运行，在有些情况下还要通过组件的升级来更新系统，实现更高级的功能，这就涉及智能家居系统的日常维护。

智能家居系统的日常维护主要包括更新场景、更新自动化、发现并处理异常设备和升级系统。

1. 更新场景

在日常使用中，智能家居系统有很多的场景供用户使用，这些场景可能由单个设备触发，也可能由条件自动完成触发，或者用户的语音触发，场景是智能家居的基础功能，是必不可少的。

但是场景的设置并不是一成不变的，用户需要根据自己的日常使用习惯来不断地调整日常使用中的场景。比如，原来某一个灯光场景开的灯比较多，而用户在实际使用中发现自己并不期望开这么多灯，那么就可以在场景设置中把灯开得少一点，如图 7-8 所示。

图 7-8　根据需求不断更新场景设置

2. 更新自动化

自动化的更新和场景的更新类似，因为用户会在生活中不断发现一些自动化比较实用，一些自动化不太实用，还有一些自动化是可以新增的。所以，在日常生活中，当用户发现比较理想的自动化执行时就可以在设置中增加这条自动化，然后根据这个自动化的运行效果，不断地更新自动化中的条件和执行的命令，让整个系统更加符合用户的使用习惯。

从宏观来讲，在不同的生活场景情况下，需要的自动化是完全不同的，比如家里有老人，那么可能需要更多的突发情况下紧急呼叫的自动化，家里有孩子可能需要更多地从温度、湿度、空气质量等方面呵护孩子成长的自动化，也有必要增加一些视频监视。有一些自动化可能随着生活的变化不再使用，而有一些又随着生活场景的变化不断需要增加，这也是智能家居灵活性的一个很好的体现。

智能家居的硬件基本不变，但是在不同的自动化设置情况下用户可以实现诸多有趣的功能，这也是让用户不断探索整个系统的一个过程，用户通过设置各种各样不同的自动化，可以让同样的硬件表现出更多不同的功能，这也是智能家居充满魅力的一个重要方面。

3. 发现并处理异常设备

智能家居的运行需要设备之间以及设备和家中的无线路由器之间的各种无线通信，而这些无线通信并不能保证一直都是稳定的、可靠的，同时，智能家居涉及的组件比较多，小系统有几十个，大系统可能有上百个或者几百个，只要是设备，都有发生故障的可能。

所以在智能家居的运行过程中，偶尔会有某些组件或者某个设备出现问题的情况，特别是对于全屋智能的系统，因为用到的智能组件比较多，智能组件偶尔出现问题也几乎是不可避免的。

在日常使用中，通过查看系统的运行日志可以非常方便地发现异常设备。如果出现异常设备，则判断是软件的问题还是硬件出现问题，如图 7-9 所示。

图 7-9　智能家居运行日志

一般情况下，对于异常的设备，如果是软件的错误或者通信不稳定，可以通过重启设备或者调整组件的位置来使设备重新恢复正常运行；如果是设备的硬件出现问题，即使多次重启设备也不能正常运行，这时候就需要联系设备提供商进行售后服务。

4. 升级系统

智能家居系统的各个组件普遍具备自动升级的功能，可以让用户在不改变硬件的情况下，获得更好的软件体验，是现在智能家居系统中必不可少的一个功能。所以推荐在有新的固件升级的情况下，用户要尽快升级系统，如图7-10所示。

图 7-10　有新固件最好尽快更新

目前很多智能家居系统都具备自动升级的功能，当发现某个设备有需要更新固件时，设备会在空闲的时期自动进行设备升级，如图7-11所示。

升级时注意事项

设备升级时往往是容易出现问题的时候，如果在设备升级时，出现网络错误或者电源出现问题，很可能导致设备组件的升级失败。一般情况下，升级失败如果不出现严重问题还可以重新升级，但是如果出现供电电源问题，导致升级过程中突然断电就有可能导致整个组件的软件出现问题，而这些问题用户无法自行解决，这时需要返厂维修。

图 7-11　设备升级时尽量不要操作，更不能断电

7.4　应用智能家居的新思维

　　智能家居是家居领域的一次革命，从传统家居到智能家居，不论是系统结构、控制方式、使用方法都发生了巨大的变化，而很多用户使用智能家居并未获得良好的效果，很大程度上也是因为用传统家居的思维来使用智能家居。

　　下面从整体思维、条件思维和便利性思维三个方面对智能家居的应用思维进行讲解。

1. 整体思维

在传统的家居里，设备的控制权都集中在它的开关或者操作面板上，控制权是不能发生转移的，即使能发生转移，那也要在硬件上做很多改动。比如，采用双控开关来实现在不同的位置控制同一盏灯，在传统的家居这种改动非常复杂，需要使用专用的双控开关，并且要专门为开关铺设电路，但是到了智能家居时代，设备的控制权完全可以通过无线通信转移到不同的设备上。

我们不仅可以控制单个设备，也可以同时控制多个设备。在这种情况下我们对设备的控制就要转变思维，把以往的单个设备的控制方式转变成多个设备，甚至全屋设备同时控制的控制方式。

举个简单的例子，之前你按动一个开关可以打开一路灯光，但是现在你可以把这个按键设置为执行某一个灯光场景，比如一个氛围照明的场景，那么这个场景在按下开关时执行把家中的射灯、轨道灯都打开，同时关闭主灯，甚至可以加入窗纱的自动关闭来实现氛围照明的效果。使用一个开关同时控制了多路灯光，这样就可以实现更好地整体性控制，也获得更佳的体验。

对于大部分用户来说，习惯成自然，因为长期以来单个开关控制单个设备的应用方式已经深入人心，而智能家居的发展时间较短，大家还很难去感受这种整体控制的方式。

这一点在控制思维转变时比较难，包括很多家居装修设计师，他们在考虑灯光、窗帘等设备组件时，也是考虑只有一个控制点的情况。

这是智能家居思维最基础的一个方面，要让用户充分理解，因为控制权的变化和转移，可以实现更多灵活有趣的功能，而不是简简单单的一对一的控制。

2. 条件思维

从宏观的角度来看，目前主流的智能家居系统还停留在"如果 X 则 Y"的逻辑执行状态。如果想让智能家居系统运行得更为顺畅，更加智能，那么我们要主动去发现生活中具备某些条件，执行某个命令的模式，如图 7-12 所示。

也就是说，对于某一个指令的执行，要想清楚它所需的条件，也就是上面所说的条件思维。

这个"如果 X 则 Y"不仅仅是单一条件，有可能是多个条件同时具备，或者多个条件具备某一个或者两个，在当前的智能家居系统中都可以进行设置。执行的命令也不局限于一个设备的指定动作，还可以是场景甚至可以是开关某一条自动化的执行（也就是设置这一条自动化是否生效）。

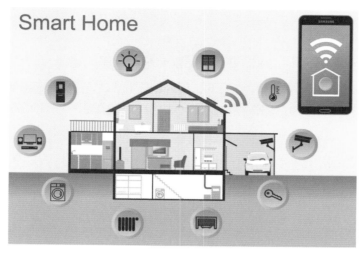

图 7-12 智能家居通过互联互通实现自动化工作

使用自动化控制自动化的开关，将整个"如果 X 则 Y"的逻辑提升了一个档次，让系统的丰富程度大大提升，用户也可以获得更多的灵活性。比如，可以让系统分辨不同的状态，在不同的状态下执行不同的自动化功能。

当然，当前 AI 技术迅速发展，可以预见，在不久的将来，系统将可以自动分析用户的习惯来自动地控制整套系统的运行，如图 7-13 所示。

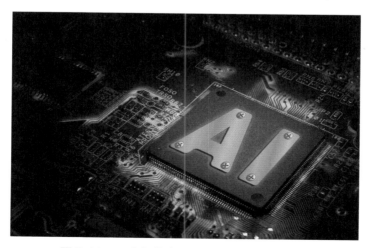

图 7-13 AI 为智能家居的发展提供了巨大空间

3. 便利性思维

智能家居系统具有多样的控制入口。比较流行的是智能音箱，同时比较基础的有智能按钮、无线开关、无线贴墙开关等多种不同的控制方式，当然手机App 也是基础的控制方式。

随着智能家居行业的快速发展，手环、智能手表等穿戴类智能设备也都具备了一定的控制功能。在这种情况下，用户控制智能家居系统做某一个工作，具有很多可以控制的方式，那么在日常使用中用户去选择哪一个控制方式就是一个问题。

可能多数用户还停留在传统的某一个开关控制某一个灯的思维方式，但是在智能家居时代，这种控制方式已经远远不能满足需求了，这些控制方式要紧密结合生活的流程和用户各自的习惯。

总体来看，各种控制方式有各自的特点：智能音箱的控制方式比较贴合实际，说句话就可以控制，但是它对环境的要求比较高，在比较嘈杂的环境里其识别率也比较低。同时，如果距离智能音箱比较远，识别的效果也比较差。对于复杂的控制，比如，设置场景或者自动化，改变系统设置等，目前也基本上无法使用智能音箱来实现。

而对于手机App 控制，其控制的功能更多，控制也更精准，同时也没有声音。缺点在于每次使用手机App 控制的时候，用户要拿出手机、解开锁，打开手机App 才可以使用，这个过程比较烦琐，如图 7-14 所示。

图 7-14　手机 App 控制智能家居

无线开关的操作比较简单，但是其功能也受到诸多的限制：一个无线开关可能只能执行单击、双击和长按这些基本的功能。也就是说它只能执行几个功能，它的灵活性还不够，但是它的位置却可以非常灵活。

手环、智能手表等穿戴类智能设备可以做到随时随地随身，但是由于其计算能力较弱，对功耗控制要求高，所以其功能在之前一个时期几乎仅仅局限在几个简单设备的控制，而最近一批新产品上市，在蓝牙和手机连接的情况下可以直接当成智能音箱来使用。

例如最近发布的小米手环 4NFC 版本，可以直接滑动呼唤出小爱同学，虽然还是不能通过语音唤醒或者执行非常复杂的功能，但是基本的设备控制和场景控制都是可以的，使用起来非常方便，这将是下一步的一个新的突破口，如图 7-15 所示。

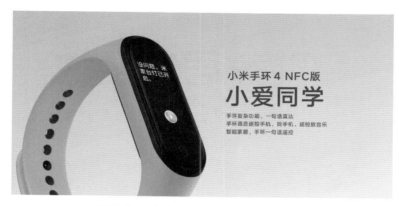

图 7-15　小米手环 4NFC 支持小爱同学

在实际使用智能家居系统时，我们对多种控制方式都需要，要根据生活习惯充分发挥各种人机接口的优点，摒弃它们的缺点，让它们能够更准确地理解用户所发出的指令，这样整套系统的运行就更加贴合用户的生活习惯，从而更加智能、便捷。

第 8 章

智能家居安全性

（我会不会被黑客攻击？如何保证全屋智能系统的安全呢？）

8.1 安全的重要性

玩转智能家居的话，系统安全至关重要。

智能家居，相当于用户把家中设备的部分或者全部控制权交给了机器，而机器需要通过网络连接后台服务器共同提供服务，控制信号通过网络传输。所以，在用户具有绝对控制权的同时，后台服务器也有控制权，但是如何保证不被别有用心的人或者有恶意想法的人也掌握控制权呢？这就涉及安全问题，如图 8-1 所示。

图 8-1　安全至关重要

说到这儿，可能大家想到的最多的就是黑客攻击。对于日常应用来讲，用户并不需要过于担心，因为黑客攻击更多的是有经济利益的驱动，很少有黑客会故意攻击普通用户的系统以满足炫技的需要。

用户更多需要警惕的是具有经济利益的东西，比如用户的大量数据、私密照片、视频等信息，这些信息因为有潜在的利用价值而容易被别有用心的人花钱收购，从而让黑客去冒险获取。

大家第二个想到的可能就是小偷，其实有智能家居系统的家庭，小偷一般是不敢光顾的。按照通常的理解，小偷更多的是受教育程度较低的无业人员，而对于他们来说，理解并破解智能家居系统几乎是不可能的，所以现在绝大部分小偷遇到有智能家居系统的家庭都是避之不及，所以这方面大家无须过于担心。

8.2 提高安全性的技术措施

对于使用智能家居系统的用户，最明显的入口就是家庭中的 Wi-Fi 网络，所以措施的第一部分主要是针对 Wi-Fi 系统的安全技术措施。

1.Wi-Fi 无线网络加密

Wi-Fi 无线网络加密是最基本的，无线网络的加密是必须的，并且你的密码要尽量复杂，绝对不要采用"12345678"或者"888888888"这种太简单的密码，毕竟，很多智能家居组件只要在一个网络内就可以直接识别并控制。

另外，一定不要把你的无线网络密码给手机上装有万能钥匙等 App 的用户，如果一不小心给了，必须尽快更换。

2.Wi-Fi 无线网络 MAC 地址过滤

将所有已经明确的设备的 MAC 地址加入白名单，对于任何未授权的设备，禁止接入核心路由器，此方法和无线网络加密一起，构成第一道也是最管用的一道屏障。新入一个组件，就增加一个白名单，别嫌麻烦，非常管用，如图 8-2 所示。

图 8-2　MAC 地址过滤

3. 使用访客专用 Wi-Fi

如果家里来客人怎么办呢，难道每次把他的 MAC 地址加进来？这种情况下，建议使用访客专用 Wi-Fi，用户既可以使用路由器自带的访客 Wi-Fi 功能，也可以专门拿出一个性能普通的入门路由器作为访客专用，当有客人来的时候打开，客人走后关掉即可。特别是对于手机上装有万能钥匙等软件的用户，再强调一遍：要绝对禁止他们接入你的核心路由或者交换机。

4. 关闭 SSID 广播

关闭 SSID 广播这一条虽然列上了，但是并不一定好用，因为很多智能组件必须在开启 SSID 广播的情况下才能正常工作，如果是这样，那么就无法关闭了，如图 8-3 所示。

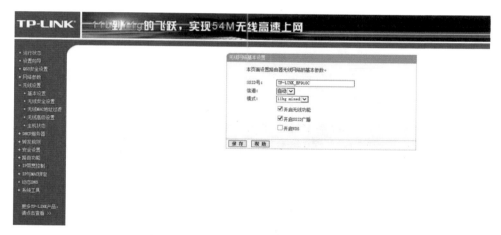

图 8-3　取消勾选可以关闭 SSID 广播

只要用户的智能组件在关闭 SSID 广播后能正常运行，就完全可以关闭 SSID 广播以获得更好的安全性。

5. 远程访问的路由器、服务器密码还有智能家居的配套 App 要有足够的强度

为了用起来方便，很多时候用户都需要远程访问家中的路由器、NAS 等设备，这时候就要用到访问密码，同时各种智能家居的手机 App 也需要账户密码，这类密码，是防止外人控制家中设备最直接的屏障，所以这类密码必须保证足够的强度，要字母、数字、特殊符号都用上，绝对不要用简单的数字或者字母密码，有条件的话，可以定期更换，确保安全性。

6. 开启防火墙

如果用户的路由器等网络设备支持防火墙（智能路由一般都支持），那么一定要启用防火墙，这也是防止非授权访问或者控制的重要屏障。

7. 不定期查看主路由器的日志和 DHCP 设备表

这一条对于大部分用户来说可能不是非常便于操作，但是建议有点基础或者能看懂日志的用户，不定期地查看主路由器的日志和 DHCP 设备表，一旦发现不明设备要及时处理。

除 Wi-Fi 外，智能家居系统的网络出口、电力支撑也是安全系统的一个方面，可以采取以下措施进一步提高智能家居系统的安全性。

① 使用多条宽带进线

对于智能家居系统，家庭宽带入口是智能家居系统向外传输数据的出口和瓶颈，如果宽带入口被切断，家中所有向外发布的信息都会被阻止，从而影响了各种报警信息的传输和远程对系统的控制，所以提高系统的安全性和稳定性就要首先保证一个稳定的宽带出口，如图 8-4 所示。

图 8-4　多条宽带进线可以提升网络的可靠性

目前宽带提供商众多，但是没有任何一家可以保证宽带服务一直稳定顺畅，且也无法避免被动物咬坏光缆等意外情况或故意的破坏，所以建议用户使用两条或者多条不同运营商的网络进线，虽然这样增加部分成本，但是某一条进线出现问题也不会影响家中的网络，可以保持网络的稳定性和安全性。

　　这里涉及使用多 WAN 口路由器的问题，目前市面上相关的产品还是比较多的，几乎每个主流的网络产品厂商都有相关的产品。例如 TP-Link 的 TL-R489GP-AC 就是一款可以支持四个 WAN 口的网络产品，同时还可以支持多个 WAN 口的负载均衡模式。

　　② 使用不间断电源（UPS）

　　UPS 可以在市电供电时对电池组进行充电，而在断电时瞬间切换至后备电源，确保家中的电力供应不中断。随着视频监控和智能家居的普及，一些入室盗窃的案件，作案者都会提前切断室内电源进入，而 UPS 的存在可以很好地应对这种情况，如图 8-5 所示。

图 8-5　UPS

　　当然，没必要把家中所有的设备都挂在 UPS 上，而仅仅对于重要的安防设备（如摄像头、网关等）、网络设备（光猫、无线路由器）等挂在 UPS 上即可，一是这些设备用电量普遍较小，不需要选择大容量的 UPS；二是这些设备可以保证在有人入室后记录下相关信息和证据并推送用户。

　　③ 保护隐私数据

　　保护隐私数据主要是指对于摄像头等产品，会记录图像视频，对于一些相对私密的区域，有可能造成隐私泄露。

第
一
　　在设计阶段要注意，摄像头可以更多地设置在过道、楼梯口、入户门等出入户必经和家中的交通枢纽区域，一般情况下避免设置正对卧室、起居室等相对私密的区域，需要照顾婴儿、儿童的除外。

第
二
　　对于室内使用的摄像头的控制来讲，建议通过智能插座或者类似设备直接控制电源，而不是简单地进入休眠模式让摄像头关闭。也就是说，如果离家外出，则打开摄像头的电源，让摄像头正常工作。如果在家中，则直接关闭摄像头电源，避免隐私泄露。

第 **9** 章

智能家居构建实例

（手把手教你做智能家居系统，觉得设计麻烦吗？

这些实例可以照搬回家。）

9.1 实例一：50平方米小户型的全屋智能家居

如图9-1是一套一线城市建筑面积约50平方米的小户型，户型非常紧凑，它的主人叫小安。小安是家里的独生子，目前是单身状态。毕业后工作5年，在父母的帮助下，终于购入了这套品质小户型。

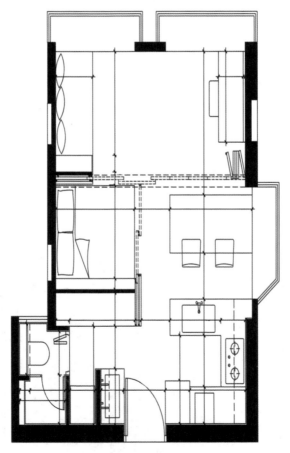

图9-1 50平方米户型示意图

这是小安精心选择的户型，在小小的50平方米空间内，他精心布置了客厅、卧室、卫生间等基本功能，还设计做了一个大大的厨房，同时还安置了钢琴，空间利用率非常高。

智能家居方面，小安倾向于实现全屋的智能灯光和气候控制，其中灯光包括所有区域的照明，另外还有阳台上的两个大窗帘；气候控制包括空调、电暖气、油烟机、卫生间排风机等，当然还有具备升级能力，小安考虑入住后根据情况增加投影和音响系统。

小安想要实现室内所有的灯光跟人走，卫生间、厨房等功能区域人来灯亮，人走灯灭，客厅、餐厅等区域有人自动开灯，长时间无人活动自动关灯。

气候方面，根据室内的温湿度自动控制开启空调和电暖气；把排风机和油烟机作为通风设备，在需要通风时可以使用语音控制打开，自动把室内污浊空气排出。

小安倾向于使用分体式空调，油烟机、卫生间排风机都使用普通开关控制，电暖气功率比较大，约为 2 000W。灯具方面，小安没有具体要求，原则是重点区域使用可调光灯具，普通区域使用一般 LED 灯具。

对于以上这些基本需求，解决办法还是很简单的，灯光使用智能墙壁开关配合智能灯具，智能墙壁开关使用零火版本，更加稳定，也避免了单火开关与其他各种品牌灯具的配合问题。在入户门、各个功能区、过道等处均设置人体传感器，实现灯光跟人走。床、沙发、餐桌区域使用智能吸顶灯来实现调光。

窗帘区域采用两套智能窗帘电动机及其轨道，每套包含两个窗帘电动机和两条轨道，分别控制窗纱和窗帘。

由于电暖气功率较大，使用具有 16A 电流插座的空调伴侣来控制，同时此空调伴侣还可以控制分体式空调，一般冬季采用电暖气，夏季采用空调，因此两者不同时用，使用一个空调伴侣即可实现。

油烟机为机械开关，直接使用智能插座控制。排风机使用智能墙壁开关控制。

室内温湿度的传感采用温湿度传感器，在沙发和卫生间附近各安装一个，即可基本实现全屋的温湿度传感。

因为户型较小，使用的智能组件也比较少，使用一台市场上常见的 300 ~ 500 元级别的无线路由器即可满足家中 Wi-Fi 的需求。

设备清单见表 9-1。

表 9-1   50 平方米户型智能设备清单

组件名称	组件功能	数量
智能墙壁开关	控制灯具电源、排风机等	11
智能窗帘电机及轨道	将窗帘接入系统	4
空调伴侣	控制分体式空调	1
智能插座	控制油烟机电源	2
人体传感器	感受人体移动以控制其他设备	7
温湿度传感器	传感室内温湿度	2
网关	智能家居系统联网控制中枢	1
智能音箱	通过语音控制全宅设备	1
无线路由器	提供全屋 Wi-Fi 覆盖	1

9.2　实例二：100 平方米全功能高性价比全屋智能家居

如图 9-2 所示为一套一线城市建筑面积约 100 平方米的两室两厅一厨一卫户型，也是目前我们生活中比较常见的户型。它的主人是新婚的王先生和刘女士，他们对智能家居非常感兴趣，对未来的智能生活充满了期待。

王先生倾向于使用分体式空调，客厅、餐厅、两个卧室各一台。全宅使用壁挂炉供暖（自采暖），壁挂炉设置在厨房。每个房间均设置空气净化器。

智能家居方面，刘女士希望用有限的预算实现全屋比较基础的智能系统，包括智能灯光、气候控制、影音系统、安防系统等，其中灯光包括所有区域的照明，另外还有各个房间及客厅阳台的窗帘；气候控制包括空调、地暖、空气净化器等；对于客厅的音响和电视，刘女士也希望能纳入系统中。

对于以上需求，可以规划如下：

Wi-Fi 网络方面，用户对 5G 频段的覆盖也有要求，而使用一台无线路由器对全宅覆盖的效果不好，故采用 Mesh 功能的子母路由器的方式，母机放在电视柜处，子机放在北侧卧室，弥补此处 5G 覆盖的不足。虽然成本比单个无线路由器高一些，但是可以基本保证全宅的网络覆盖。

网关布置方面，客厅餐厅连为一体，使用一个网关即可，由于两个卧室距离较大，阻隔墙壁较多，可以每个房间设置一个网关，全宅使用三个网关即可基本完成覆盖。

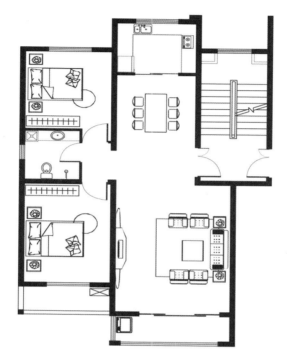

图 9-2　约 92 平方米户型示意图

灯光方面灯光使用智能墙壁开关配合智能灯具，智能墙壁开关使用零火版本，更加稳定，也避免了单火开关与其他各种品牌灯具的配合问题。在入户门、各个功能区、过道等处均设置人体传感器，实现灯光跟人走。客厅、餐厅、卧室区域使用智能吸顶灯来实现调光，配合使用灯带来营造照明氛围。

智能窗帘两个卧室、客厅、客厅阳台的窗帘采用智能窗帘电机及其轨道，共 4 套，每套包含两个窗帘电机和两条轨道，分别控制窗纱和窗帘。

空调安装由于用户使用分体式空调，在客厅、餐厅和两个卧室分别用空调伴侣来控制，每台空调配套一个，共需要 4 个。

室内温度室内温湿度的传感采用温湿度传感器，客厅、餐厅和两个卧室各一个，厨房和卫生间各一个，可基本实现全屋的温湿度传感。

安防方面，消防安全设置三个烟雾传感器，分别安装在卫生间门口处（两个卧室的过道）、客厅和厨房；用户使用天然气，天然气直接进入厨房，所以在厨房区域设置天然气传感器。

卫生间和厨房有漏水水浸风险，故各设置水浸传感器一个。入户门处使用智能门锁，同时配套一个门窗传感器，用以实现指纹、密码开门，且实现出门自动进入警戒模式，户主或者授权用户进入自动关闭警戒，忘记关门还可以进行提醒。

影音系统方面，使用一个智能插座来控制所有影音设备的电源。由于用户的电视、功放等影音设备都是使用红外遥控，故增加一个万能遥控组件即可解决影音控制问题。

空气净化器推荐用户选择平台支持的产品，可以直接接入系统。

语音接口方面，客厅、餐厅和两个卧室各设置智能音箱一个，共需 4 个。

设备清单见表 9-2。

表 9-2　100 平方米户型智能设备清单

组件名称	组件功能	数量
智能墙壁开关	控制灯具电源	20
智能吸顶灯和灯带	可以控制照明亮度、色温、颜色	6
智能窗帘电机及轨道	将窗帘接入系统	8
空调伴侣	控制分体式空调	4
智能插座	控制设备电源	2
人体传感器	感受人体移动以控制其他设备	10
温湿度传感器	传感室内温湿度	6
网关	智能家居系统联网控制中枢	3
智能音箱	通过语音控制全宅设备	4
带 Mesh 功能的子母路由器	提供全屋 Wi-Fi 覆盖	1
天然气传感器	探测是否有天然气泄漏	1
烟雾传感器	探测是否发生火灾	3
水浸传感器	探测是否发生漏水	2
万能遥控器	通过红外遥控控制影音设备	1
智能门锁	通过指纹、密码等方式控制入户门	1
智能门磁	探测入户门是否开启	1

9.3　实例三：160 平方米专注影音的全屋智能家居

如图 9-3 是南方二线城市一套建筑面积约 160 平方米的平层，为四室两厅一厨两卫结构。用户是一对中年夫妇，带着两个孩子。一家人都喜欢电影，希望在新家搭建一套影院系统。因为没有专门的影音室，他们决定在客厅区域设置家庭影院。

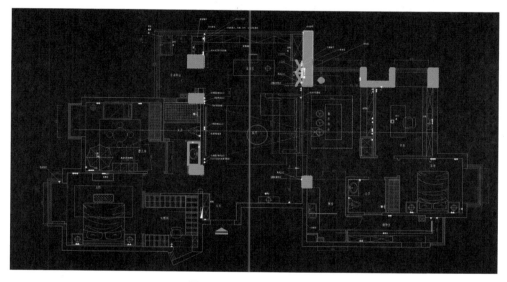

图 9-3　160 平方米户型

这套房子配置了中央空调，各个区域均有出风口。由于用户居住在南方空气较好的城市，对空气净化和供暖没有太多要求。

智能家居方面，用户希望除了基本的智能灯光、温湿度控制、安防系统等之外，重点要打造一套全自动的智能影音系统，要实现一句话开启影院系统，语音选择影片，一键关闭影音系统等功能。

对于以上需求，规划如下。

Wi-Fi 网络方面，由于用户对 5G 频段的覆盖也有要求，此户型较大，只能使用 AC+AP 的方式组网，在光纤入户位置设置路由器和 POE 交换机，使用 3 个无线吸顶 AP 实现全宅的网络覆盖，3 个无线吸顶 AP 分别位于主卧和婴儿房门口的过道处、品茶区和客厅的过道处、客房门口，同时所有房间均有有线网络接口，以备对覆盖不理想的区域补充面板式 AP，如图 9-4 所示。

图 9-4　补充面板式 AP

本套网络覆盖系统虽然成本比单个无线路由器高许多，但是可以完全保证全宅的网络覆盖，且有一定升级空间。

网关布置方面，客厅餐厅连为一体，使用一个网关即可，而另外几个房间均相对分隔，故其他房间各设置一个网关，全宅使用 5 个网关即可基本完成覆盖。

灯光系统、窗帘系统和安防方面基本与 9.2 节讲的结构相同，仅仅区域更大了一点，此处不再详述。

业主使用中央空调，故采用专用的中央空调控制器接入，中央空调控制器直接连接空调的任意一台室内机（或室外机），即可实现对所有房间（出风口）的温度控制，仅需要一台中央空调控制器。

室内温湿度的传感采用温湿度传感器，客厅、餐厅和四个房间各一个，厨房和两个卫生间各一个，可基本实现全屋的温湿度传感。

影音系统方面，使用多个智能插座分别控制各个影音设备的电源。由于用户的电视、功放等影音设备都是使用红外遥控，故增加一个万能遥控组件即可解决影音控制问题。

用户使用的投影机支持红外遥控，可以使用万能遥控器控制。使用具备双路互锁功能的双路控制器来控制电动投影幕布。

为了方便用户更好地切换电视和投影幕布，增加 HDMI 矩阵切换器一套，为了将矩阵切换器纳入系统，故选择具备红外遥控功能的矩阵切换器，从而可以实现由万能遥控器直接控制矩阵切换器，可通过场景来控制 HDMI 切换。

影音部分的场景设置是本系统的难点，因为各个设备之前有速度差，有的系统启动慢，有的系统启动快，例如，功放可以在几秒内启动，而投影机则要数十秒才能进入理想的工作状态，幕布要经过几十秒才能收回或放下到位。

这就要求用户在使用智能系统时通过场景设置中的延时功能合理分配各个设备的执行时序，例如在开启影院系统时，首先要开启幕布，然后开启投影机，再开启功放系统和调整室内灯光和窗帘，所有系统准备完毕后最好通过智能音箱向用户发出准备完成的语言通知，以免用户介入操作设备影响场景的执行效果。

语音接口方面，客厅、餐厅共用一个，两个卧室和书房各设置智能音箱一个，共需四个。

设备清单见表 9-3。

表 9-3　160 平方米户型智能家居设备清单

组件名称	组件功能	数量
智能墙壁开关	控制灯具电源	35
智能吸顶灯和灯带	可以控制照明亮度、色温、颜色	12
智能窗帘电机及轨道	将窗帘接入系统	10
中央空调控制器	控制中央空调	1
智能插座	控制设备电源	5
人体传感器	感受人体移动以控制其他设备	20
温湿度传感器	传感室内温湿度	9
网关	智能家居系统连网控制中枢	5
智能音箱	通过语音控制全宅设备	4
AC+AP 的网络系统	提供全屋 Wi-Fi 覆盖	1
天然气传感器	探测是否有天然气泄漏	1
烟雾传感器	探测是否发生火灾	3
水浸传感器	探测是否发生漏水	3
万能遥控器	通过红外遥控控制影音设备	1
智能门锁	通过指纹、密码等方式控制入户门	1
智能门磁	探测入户门是否开启	1
双路控制器	控制投影机幕布	1

实例四：250平方米复式注重安防的全屋智能家居

这是一套建筑面积约250平方米的复式，为六室两厅一厨四卫结构，用户为一家三代同堂（见图9-5和图9-6）。

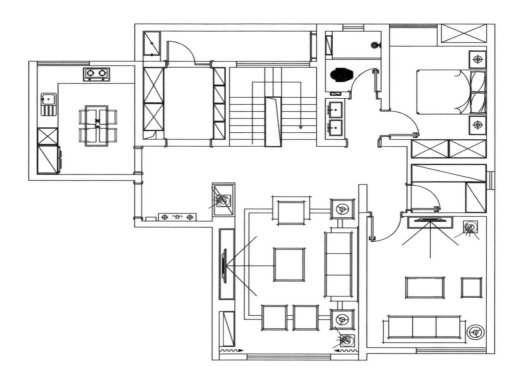

图 9-5　250平方米复式示意图 1

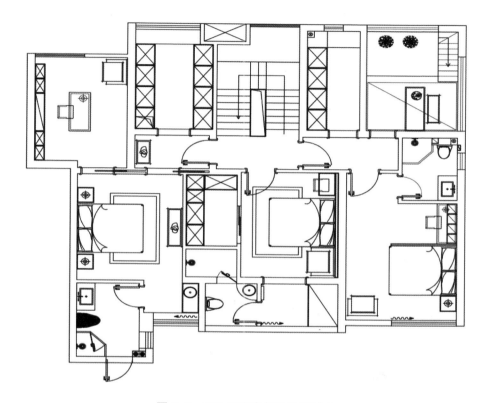

图 9-6　250 平方米复式示意图 2

之前，心细的女主人就详细地规划了这套房子：一楼主要为公共活动区，包括客厅、影音室和客房等，二楼主要为安静休息区域，包括三个带独立卫生间和衣帽间的卧室以及书房。本套复式位于一二层，楼层较低，且前面有个小院子，所以业主对安防方面的要求比较高。

用户使用中央空调，各个区域均有出风口。由于用户居住在南方空气较好的城市，对空气净化和供暖没有太多要求。

智能家居方面，用户希望除了基本的智能灯光、温湿度控制、安防系统等之外，重点要打造一套包含视频监控的安防系统。

对于以上需求，规划如下：

Wi-Fi 网络方面，由于用户对 5G 频段的覆盖也有要求，此户型较为复杂，还分上下两层，只能使用 AC+AP 的方式组网，在光纤入户位置设置路由器和

POE 交换机，每层使用两个无线吸顶 AP 实现全宅的网络覆盖，一层两个无线吸顶 AP 分别位于门厅处和客房洗漱入口处；二层的两个无线吸顶 AP 分别位于女儿房入口处和书房旁边的大卧室内，同时所有房间均有有线网络接口，以备对覆盖不理想的区域补充面板式 AP。

本套网络覆盖系统虽然成本比单个无线路由器高许多，但是可以完全保证全宅的网络覆盖，且有一定升级空间。

网关布置方面，一层厨房和门厅区域使用一个，客厅区域使用一个，影音室门口使用一个（见图 9-7 和图 9-8）。

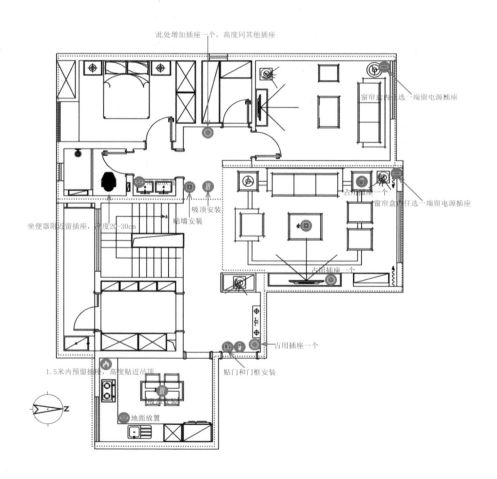

图 9-7　一层网关布置

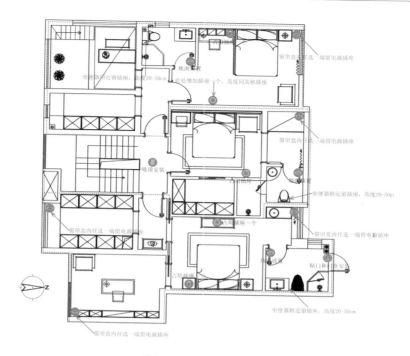

图 9-8　二层网关布置

二层因为户型分隔较严重，每个卧室均设置一个网关。

灯光系统、窗帘系统基本与 9.2 节讲的结构相同，仅仅区域更大了一点，此处不再详述。

用户使用中央空调，故采用专用的中央空调控制器接入，中央空调控制器直接连接空调的任意一台室内机（或室外机），即可实现对所有房间（出风口）的温度控制，仅需要一台中央空调控制器。

室内温湿度的传感采用温湿度传感器，一层的客厅、厨房和影音室各一个，公共卫生间一个；二层则每个大卧室设置一个，可基本实现全屋的温湿度传感。

用户有专门的影音室，对客厅影音系统要求不高，故仅预留智能插座控制客厅影音设备电源。在影音室方面，使用多个智能插座来分别控制各个影音设备的电源。由于用户的电视、功放等影音设备都是使用红外遥控，故增加一个万能遥控组件即可解决影音控制问题。

用户使用的投影机支持红外遥控，可以使用万能遥控器控制。使用具备双路互锁功能的双路控制器来控制电动投影幕布。影音设备的控制与 9.3 节中的影音室部分基本相同，这里不再赘述。

语音接口方面，一楼客厅、餐厅、影音室各一个，二楼三个大卧室和书房各设置智能音箱一个，共需7个。

安防方面用户要求较高，均室外设置监控摄像头，前后各两个，形成对射，摄像头通过无线直接接入系统。在一层使用一只云台摄像头，外出时候方便随时查看家中状态。同时使用硬盘录像机一个，具备8路视频录制能力，目前使用5路，剩下的作为扩展使用。

一楼入户门采用智能门锁，对外的门和一层的窗子全部使用门窗传感器，在布防时候用于探测是否有人员进入。二楼阳光房和通往户外露台的门均设置门窗传感器，并在内部增加人体传感器，在布防状态的时候探测门窗状态以及是否有人员进入，同时及时提醒用户关闭门窗。

设置方面，一层二层可单独设置布防，也可同时布防，外出时候直接全部布防，而休息后可设置仅一楼布防。

设备清单见表9-4。

表9-4　250平方米复式户型智能设备清单

组件名称	组件功能	数量
智能墙壁开关	控制灯具电源	40
智能吸顶灯和灯带	可以控制照明亮度、色温、颜色	20
智能窗帘电机及轨道	将窗帘接入系统	15
中央空调控制器	控制中央空调	1
智能插座	控制设备电源	6
人体传感器	感受人体移动以控制其他设备	32
温湿度传感器	传感室内温湿度	9
网关	智能家居系统联网控制中枢	6
智能音箱	通过语音控制全宅设备	7
AC+AP的网络系统	提供全屋 Wi-Fi 覆盖	1
天然气传感器	探测是否有天然气泄漏	1
烟雾传感器	探测是否发生火灾	4
水浸传感器	探测是否发生漏水	5

续表

组件名称	组件功能	数量
万能遥控器	通过红外遥控控制影音设备	1
智能门锁	通过指纹、密码等方式控制入户门	1
智能门磁	探测入户门是否开启	15
双路控制器	控制投影机幕布	1
户外摄像头	户外视频监控	4
硬盘录像机	录制监控图像	1
无线开关	方便用户增加控制功能	4
室内云台摄像头	室内监控	1

9.5　实例五：350 平方米别墅的全屋智能家居

这是一套建筑面积约 350 平方米的别墅，为八室三厅两厨四卫结构，一楼为公共活动区，包括客厅、餐厅等。二楼为起居区域，包括三个卧室和边角的健身房。三楼为主人起居区域，包括带卫生间及衣帽间的主卧以及一个书房，如图 9-9 至图 9-11 所示。

这套别墅的主人是一个商场拼搏多年的企业家，工作之余，他想把家打造的舒适、温馨、方便、智能，让妻子孩子都能乐在其中，充分享受生活的乐趣，也让自己能忘掉一天的劳累，专注生活和内心。

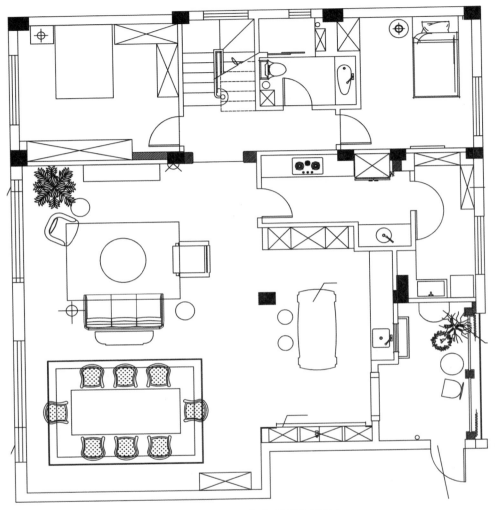

图 9-9 350 平方米别墅示意图 1

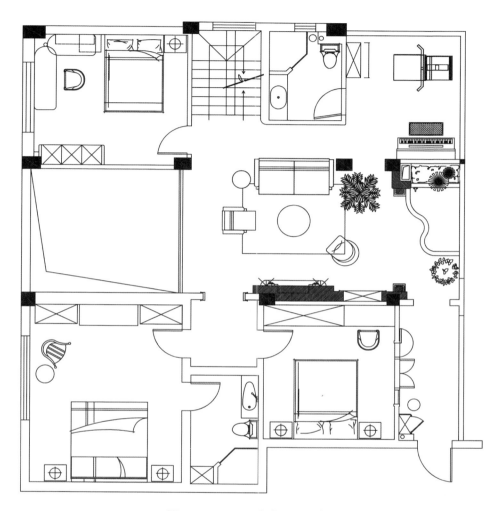

图 9-10　350 平方米别墅示意图 2

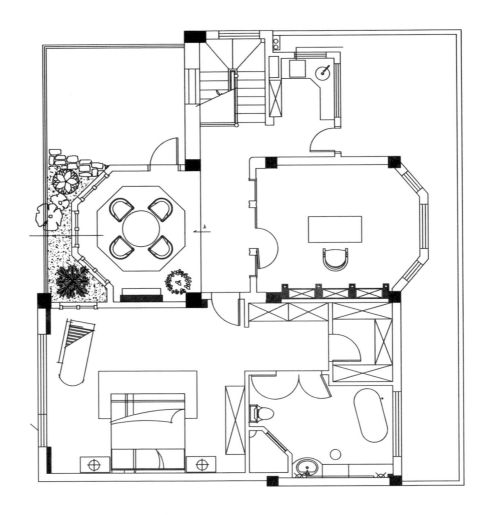

图 9-11　350 平方米别墅示意图 3

　　智能家居方面，本套别墅前有庭院，后有车库，用户对安防方面的要求比较高，同时对庭院和车库也有要求，希望庭院的灌溉系统和照明系统，以及车库的电动门系统都能纳入智能家居系统中。

　　用户使用中央空调，各个区域均有出风口。冬季使用燃气壁挂炉供暖，使用全套新风系统配合空气净化器提供优质空气。

　　因为户型比较大，用户希望家中的各大系统都尽量纳入，这样日常使用管理都更加方便。

对于以上需求，规划如下：

Wi-Fi 网络方面，此户型较为复杂，分为上下三层，同时还有地下一层的车库，只能使用 AC+AP 的方式组网。为保证网络稳定性，使用双路宽带进线，在光纤入户位置设置路由器和 POE 交换机，使用无线吸顶 AP 配合多个面板式 AP 来实现全宅的网络覆盖。

车库设置一个吸顶 AP，一层、二层和三层根据房间布置每个区域设置一个面板式 AP，其中一层使用 4 个面板式 AP，二层 5 个，三层 3 个，共 12 个面板式 AP 和 1 个吸顶 AP，可以完全保证全宅的网络覆盖，且有一定升级空间。

网关布置方面，一层客厅区域使用一个，保姆房及公卫处设置一个，作用区域见图 9-12 红色框内。

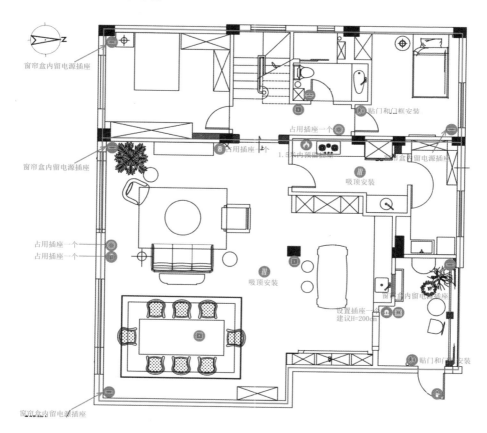

图 9-12 一层网关布置

二层空间虽然条块较多，但是互相连通，使用三个网关即可实现覆盖，如图 9-13 所示。

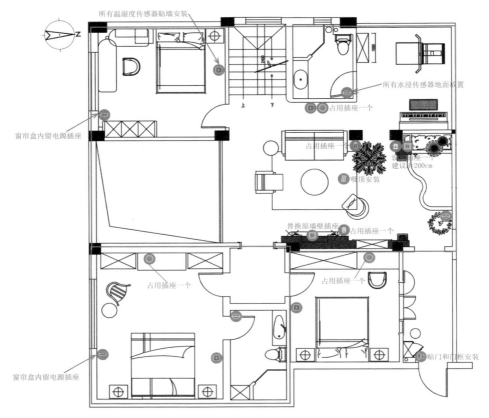

图 9-13　二层网关布置

三层也是使用类似结构，两个网关设置，如图 9-14 所示。

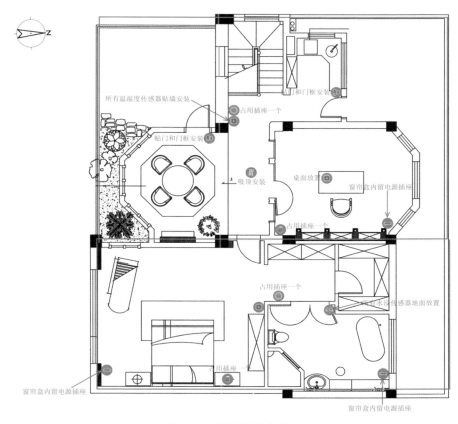

图 9-14　三层网关布置

灯光系统、窗帘系统基本与 9.2 节讲的结构相同，仅仅区域更大了一点，此处不再详述。

用户使用中央空调，故采用专用的中央空调控制器接入，中央空调控制器直接连接空调的任意一台室内机（或室外机），即可实现对所有房间（出风口）的温度控制，仅需要一台中央空调控制器。地暖系统和新风系统采用专用的控制器接入，其中地暖系统和新风系统均按照区域和房间设置，地暖控制器和新风控制器各需要 10 个。

室内温湿度的传感采用温湿度传感器，车库设置一个，一层的各区域设置 4 个，二层 3 个，三层 3 个，可基本实现全屋的温湿度传感。

用户对客厅影音系统要求不高，故仅预留智能插座控制客厅影音设备电源。

语音接口方面，一楼客厅、入户花园处各一个，二楼各个卧室及健身房设

189

置一个，三层主卧和书房各设置智能音箱一个，共需8个。

安防方面用户要求较高，室外均设置监控摄像头，前后各三个，形成对射，摄像头通过无线直接接入系统。在每层枢纽区域均使用一只云台摄像头，车库设置一个广角摄像头，外出时方便随时查看家中状态。同时使用硬盘录像机一个，具备16路视频录制能力，目前使用10路，剩下的作为扩展使用。

一楼入户门采用智能门锁，所有对外的门（包括通往阳光房和露台）全部使用门窗传感器，在布防时用于探测是否有人员进入。设置方面，每层可单独设置布防，也可同时布防，外出时直接全部布防，而休息后可根据需求设置。

车库方面，车库门为使用管状电机带动的卷帘门，可直接使用双路（多路）控制器控制，但是要注意两路不能同时接通，否则容易烧毁电机，建议尽量使用带有互锁功能的控制器。

用户拥有一辆电动汽车，希望能够通过智能家居系统实现谷时（晚上10:00—次日8:00）自动充电，电动汽车的慢充充电器功率为2.5kW，故使用16A智能插座即可控制，设置每日晚上10:00自动开启充电，次日8:00停止充电即可实现。

另外，为了方便车库门的开启和关闭，在车库门内侧设置无线开关，通过单击、双击控制双路控制器实现开关车库卷帘门的功能。

庭院灌溉可使用双路（多路）控制器来控制电磁阀，可以实现定时灌溉、自动灌溉等功能，配合庭院放置的水浸传感器还可以判断下雨及灌溉情况。

用户在每个卫生间均使用了智能马桶及风暖浴霸，马桶和浴霸都可以使用红外遥控控制，故增加红外遥控组件，通过学习红外遥控可以控制智能马桶的充水、烘干、加热、清洗等功能，可以控制风暖浴霸的热风、风干、换气等功能，通过红外遥控组件接入系统后可以实现语音控制。

另外接入控制后可以配合温湿度传感器来实现卫生间的自动加热、自动除湿等功能。

用户在顶层有一处电动遮阳棚，使用管状电动机控制，可通过双路（多路）控制器接入系统，配合光照传感器（判断室外光照和室内光照）和水浸传感器（判断是否下雨）可以实现自动开关控制。

用到的设备清单见表9-5。

表 9-5　350 平方米别墅智能家居清单

组件名称	组件功能	数量
智能墙壁开关	控制灯具电源	50
智能吸顶灯和灯带	可以控制照明亮度、色温、颜色	30
智能窗帘电动机及轨道	将窗帘接入系统	18
光照传感器	传感环境光亮度	2
中央空调控制器	控制中央空调	1
智能插座	控制设备电源	6
智能红外遥控	控制红外遥控设备	5
地暖控制器	控制地暖温度	8
新风控制器	控制新风系统	8
人体传感器	感受人体移动以控制其他设备	50
温湿度传感器	传感室内温湿度	11
网关	智能家居系统联网控制中枢	7
智能音箱	通过语音控制全宅设备	8
AC+AP 的网络系统	提供全屋 Wi-Fi 覆盖	1
天然气传感器	探测是否有天然气泄漏	1
烟雾传感器	探测是否发生火灾	5
水浸传感器	探测漏水、降雨及庭院灌溉情况	8
智能门锁	通过指纹、密码等方式控制入户门	1
智能门磁	探测入户门是否开启	6
双路控制器	控制车库门和灌溉系统	3
户外摄像头	户外视频监控	6
硬盘录像机	录制监控图像	1
无线开关	方便用户增加控制功能	5
室内云台摄像头	室内监控	3
室内广角摄像头	车库监控	1

第 **10** 章

智能家居的未来

（未来的智能家居会是什么样？配合无人驾
驶、智慧小区等领域的发展，未来的智能生活
会是怎样一番图景？）

10.1 智能家居相关技术的进展

近两年，对于智能家居行业来说出现了巨大的变化，旧的模式基本出清，新的模式逐渐形成，技术成熟，可用性快速提升，主要体现在以下几个方面。

1. 平台级生态系统基本形成

目前，市场上已经形成了几个比较完善的智能家居生态系统，也就是说从智能插座、开关、窗帘这些基本组件到智能空调、智能冰箱、智能电视等大家电都可以集成到一个系统中，形成一个生态系统。例如小米米家、阿里智能、京东微联、海尔智能等基本上已经形成规模，华为也发布了智能家居组件及服务，大举进入智能家居市场。

这时，小创业公司搞智能家居的目标只有被收购或者选择阵营加入，因为搞一个生态系统不是一个公司或者几个公司能搞定的，只有小米生态链、阿里平台这种巨型的企业才能建立。小公司开始依靠大公司，很多传统电器甚至家居厂商也分别选择了自己的阵营，比如宜家和小米的合作。对于用户来讲，好处就是产品及平台选择面大了许多，产品组件齐全了，只要想要，基本上几大平台都能提供全套的智能家居系统。

总的来讲，就是智能家居市场产品及技术的部署已经基本稳定了，所以有观点认为 2018 年是全屋智能的商业化元年。

2. 老一代智能家居系统基本退出市场

随着小米、阿里、华为等互联网巨头的加入，原来的所谓"传统智能家居"已经基本退出市场，它们共同的特点是加盟费高、价格高、稳定性差、靠忽悠赚钱、误导市场。很多用户对于智能家居的不信任就来自这些所谓的智能家居厂商。2018 年，是他们集中退出或者转型的时期，现在市场上基本上已经很少见了。对于用户来讲，被忽悠的可能性越来越小了。

3. 服务落地市场起步

智能家居系统生态形成，那么相应的服务就要跟上，这就是智能家居服务落地。

以小米旗下的绿米服务商为例，他们的主要任务就是对接用户将设计、安装、维护服务落地，也就是说，现在的智能家居系统，你只要在家里等着，提出需求，就会有相应的服务团队为你量身定制方案、安装施工并提供维护服务，且价格十分透明，技术统一培训，服务非常规范。2018年，各个新智能家居厂商都在布局落地服务，争夺这一块市场，可以说这是一个巨大的"蓝海"，如图10-1所示。

图 10-1　绿米门店

4. 语音入口已经成熟

以小米 AI 音箱、天猫精灵、若琪等为代表的智能音箱迅速发展，目前技术已经基本成熟，价格足够低廉，基本上都到了百元级，非常适合作为家庭语音入口，如图10-2所示。

图 10-2　若琪智能音箱

自然语言是现阶段用户与智能家居之间最为理想的接口，现在这个接口已经足够实用，对于用户来讲，不论是儿童还是老人，只要能正常说普通话或者比较标准的方言，都能非常方便地通过语音入口控制智能家居系统。

5.AI 开始渗入智能家居

之前的 AI 呼声比较大，雨点比较小，局限于单个或者个别设备，而从 2018 年开始，AI 的渗透速度明显加快，开始将 AI 能力赋予智能家居平台，这将会在近几年让智能家居系统的"思考"能力大为提升，为不需要或极少需要人工设置或干预的全自动的智能家居系统落地提供了基础。对于用户来讲，那种所谓"啥都不用管"的智能家居系统可能很快就要出现了。

随着 AI 的发展，对视频的处理能力越来越强大，而摄像头作为视频获取的重要设备，其与 AI 的快速发展自然擦出火花，那就是强大的传感识别能力。

之前的摄像头，更多的是具有简单的移动侦测功能，而目前很多摄像头开始具备人形侦测、宠物侦测、人脸识别、追踪人体移动甚至动作手势识别等功能。

这一方面让智能家居系统的传感能力迅速提升，特别是人脸识别的加入，让智能家居系统可以更准确地获知用户身份，智能摄像头成了智能家居系统中十分重要的传感设备；另一方面也让整个智能家居系统更为智能，例如用户可以使用手势向智能家居系统传达控制指令等，如图 10-3 所示。

图 10-3　Aqara 最近发布的智能摄像头 G3

例如 Aqara 最近发布的智能摄像头 G3，它不仅可以识别用户的身份，还可以识别多种不同的手势，用户通过不同的手势来实现不同的控制功能。

下一步，智能摄像头的 AI 应用将更为多样实用，智能摄像头在智能家居系统中的地位将更为重要。

6. 组件和系统的价格基本稳定

经过近几年的激烈竞争，智能家居系统各硬件组件的价格已经基本稳定了，单个组件没有了高额的利润，而更多的需要平台地加持和服务的增值，广大用户也开始愿意为智能家居系统的设计、安装和维护等服务付费。

以智能音箱为例如图 10-4 所示，刚出现时是几千元的价格，而到 2018 年，大部分已经在几百元甚至低于一百元的价格。而智能墙壁开关也从几年前的几百元甚至上千元稳定到一两百元。对于用户来讲，如果有点基础知识自己动手搭建，可以以很低的成本搞一套实用的智能家居系统；如果自己不太懂或者觉得太麻烦，可以找服务商。

图 10-4　小爱同学 mini 的售价不足百元

7. 带屏幕的墙壁面板异军突击

当前，带屏幕的智能墙壁面板多数具备了语音功能，是语音入口的有效补充，同时其全触控甚至手势操作带来的科技感和体验也受到大家的欢迎，所以各大智能家居平台均推出了各自的带屏幕智能墙壁面板，市场上的带屏智能墙壁面板产品迅速丰富，如图 10-5 所示。

图 10-5　带屏幕的智能墙壁面板

从实用性的角度来讲，目前的智能墙壁面板一方面作为语音入口，另一方面作为用户的操作终端，同时其本身方便安装在普通 86 底盒中，多数还支持控制部分灯具，总体来看实用性还是不错的。

当然，目前带屏幕智能墙壁面板的价格依然相对较高，多数在接近千元的价格，但是如果预算允许，每个房间设置一只带屏幕的智能墙壁面板，统一控制本房间的所有设备，带来的体验也是相当不错的。

8. 数据积累加算力提升进一步提高系统 AI 能力

随着智能传感器提供的状态数据积累越来越丰厚和智能家居控制系统的算力提升，对家庭各项数据的分析和处理可以使智能家居具备更高级别的自动化能力，AI 技术的加持，让这种自动化能力可以实现自动创建、调整联动，自动发现用户的生活规律，自动控制室内环境等多种新的更高级的功能。

目前，这样的功能已经出现，但是依然处于初级阶段，但是长远来看，全宅智能系统的 AI 能力必将逐渐提升，预计近 3—5 年将是此功能迅速发展的时期。

9. 人体传感器精度进一步提升

人体传感器是智能家居系统的基础传感器，但是也是存在问题最为棘手的传感器：低成本的红外人体传感器只能感受人体移动，而无法感应人体存在或者微小动作；可以感应人体存在的微波传感器等主动人体传感器成本高，难以实现在室内的广泛分布。

近两年来，人体传感器产品的精度进一步提升，成本有下探的趋势。特别是目前的一些高精度人体传感器产品，已经基本上实现了对接近静止的人体的探测，例如 Aqara 的高精度人体传感器，已经能够识别打字、翻书等微小动作，很大程度上提高了实用性，如图 10-6 所示。

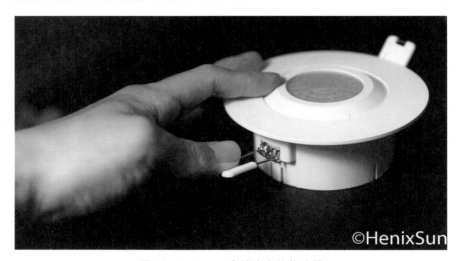

图 10-6　Aqara 高精度人体传感器

除此之外，随着传感器类型的逐渐丰富，人体传感的方式也进一步丰富，间接地提高了人体感应的精度。例如部分智能马桶盖可以将用户着坐的信息提供给智能家居系统，一些平台推出了智能睡眠监测带等产品，不仅可以将用户上床躺下的动作提供给智能家居系统，还可以分析用户的睡眠，判断用户的入睡和醒来，提供了更多丰富的传感功能。

10. 入门级产品价格持续下探

随着技术的成熟、下放和出货量的剧增，智能家居的入门级产品价格继续下探，体验智能家居的门槛进一步降低。

例如曾经的智能墙壁开关价格多在一百元左右，而目前已经有多款产品售价在 50 元区间，例如米家体系内的 Aqara E1 系列产品，及米家的智能墙壁开关等产品，如图 10-7 所示。

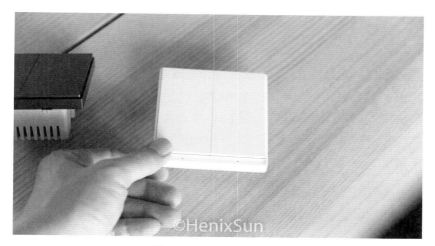

图 10-7　Aqara E1 系列

温湿度传感器曾经多数在 50 元区间，目前已经进入了 20-30 元区间，例如米家温湿度传感器 2，价格不足 30 元。

也就是说，现在许多入门智能组件已经和非智能组件没有了夸张的差价，这对于智能家居的进一步普及和被公众的广泛接受奠定了一个良好的基础。

11. 连接方式趋于多样化，蓝牙产品迅速丰富

无论是 Wi-Fi，还是 zigbee、蓝牙，其各自均有不同的特点，如图 10-8 所示。

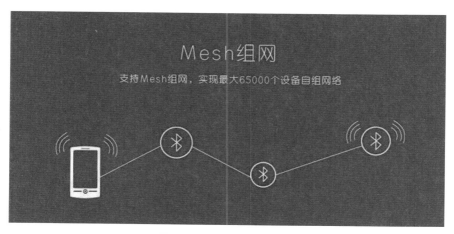

图 10-8　蓝牙 mesh 通信

Wi-Fi 性能最强大，但是功耗太大，以至于不适合使用电池供电的设备，更适合插电使用的设备。例如电视、冰箱、洗衣机、洗碗机等智能大家电，使用

Wi-Fi 通信，不需要用户另外购买网关，直接就可以使用。

BLEmesh 和 ZigBee 功耗都很低，因此都适用于使用电池供电的设备，两者对比的话，如果对带宽要求更大，那么蓝牙无疑更合适，而如果要求更快的响应速度，ZigBee 更合适；当然，如果拼成本，BLEmesh 更有优势，这一点就可以解释定位入门的米家为何倾向于 BLEmesh 了。比如使用蓝牙通讯的米家灯泡价格仅为 20 元，墙壁开关仅为 80 元，同样使用 ZigBee 的灯泡为 80 元左右，墙壁开关均超过 100 元。

目前的智能家居产品需求呈现多样化，这也导致了连接方式的多样化，特别是低成本的蓝牙技术，通过降低售价，其产品不断丰富，出货量剧增。

12. 无线调光系统基本成熟

之前我说过，调光系统是高端智能家居系统的标配。全屋智能调光带来的体验比简单的开关灯光控制要优秀得多，也更符合人类对照明的需求，如图 10-9 所示。

图 10-9　全屋调光系统

调光是个相对复杂的体系，主灯、射灯、轨道灯、筒灯等不同的照明方式需要的调光方式也都有区别，因此实现无线调光需要很多组件来实现不同类型光源的调光接入，例如要有适用于不同功率的 LED 调光驱动器，要有适合 0-10V 调光的调光器，甚至要有支持 DALI 调光的调光器等。

虽然像米家这样的入门系统并不具备相对专业的无线调光能力，但是对于

Yeelight、Aqara 等小米生态链的企业都已经布局了相对全面的无线调光组件，可以实现全屋的智能调光。

就设计来讲，前几年全屋无线调光系统的组件覆盖并不全面，难以实现全屋的智能调光，但是当前情况下，很多智能家居平台都有了全面的调光系统，如果想做一套中高端的智能家居系统，获得优秀的照明体验，那么全屋无线调光系统是必须的。

综合来看，虽然智能家居技术成熟了，可用性很强，操作也很方便，控制也可以直接说话即可，但是全屋智能落地的家庭数还不多，享受到全套智能家居系统便利的用户不多，很多用户对智能家居的看法和认识还没有跟上，还是觉得智能家居停留在控制智能插座开关的层面，不得不承认，以全屋智能为爆点的智能家居市场已经开始再一次爆发。

10.2　智能家居的发展方向

智能家居目前仍处于快速发展期，为数众多的智能家居企业散发强大的生命力，在政策的引导和需求的刺激下，步入发展的快车道。短期来看，智能家居的发展方向可以总结为以下四点。

1. 行业标准逐渐统一

随着智能家居的快速普及和人们个性化需求的不断提升，对于不同智能家居平台之间产品的互联互通需求越来越高。组件之间互联互通的基础是行业标准，而智能家居行业标准的发展明显滞后于市场需求和技术发展，这就迫切需要尽快完善行业标准，建立跨平台级互联互通的基础条件，实现不同平台之间产品的互联互通。

目前，不同平台的智能家居厂家也逐渐统一并开放了接口，例如，华为和美的的云端对接，建立了美的 M-Smart 和华为 Hilink 之间的通道，实现了华为消费级产品与美的智能家电实现互联，用户可以根据自己的需求选择华为和美的的产品加入这一平台，实现统一的配置、管理和使用。

长期来看，智能家居组件之间的互联互通是必然的发展方向；短期来看，这也是当前的研究热点。所以可以预见，最近一段时间，会有很多的智能家居平台级厂商互相合作，更多的产品和组件可以实现多个平台的互联互通，用户的选择面也会迅速扩大。虽然在互联互通的初期可能需要一些磨合，用户可能遇到一些不稳定，但是这个趋势是不会改变的。

2. 体系逐步完善

虽然目前市场上已经诞生了多个比较完善的体系，但是距离真正的"全屋智能"依然有或大或小的差距。

不同的厂家依靠不同的合作方式和发展模式，都在构建一套相对完整的体系。例如，海尔依靠全套大家电的优势组建全屋智能，小米依靠生态链的优势扩张产品线，力争对青年人的日常生活"全覆盖"，华为则依靠 HiLink 稳抓稳打，它们都在为构建完整的智能家居体系而努力。但是目前来看，它们依然存在着一定的局限性，在产品覆盖面上还不够广。

智能家居涉及的方面非常多，单靠一家或者几家公司实现全部覆盖难度比较大，但是各个厂家依然在不遗余力地去通过多种方式尽量完成"全覆盖"，这就让市场上的各大智能家居平台逐步完善，消费者几乎在每个平台中找到几乎全部的安防、影音、灯光、温湿度、新风等各种需要的控制组件来构建自己的智能家居系统。

往更广的方向说，智能家居是智能生活的一部分，也是智能社区的一部分，智能社区和智能生活又是智能城市的一部分，是构建未来智能城市的基础。在智能家居相对完善之后，智能社区和智能城市才能获得更好的发展，这些都是未来智能生活的基础。

3. 应用场景逐步扩大

早期的智能家居应用场景主要局限在对灯光、影音、安防和温湿度等的控制，随着技术的发展，组件的完善，可以纳入智能应用的场景越来越多，人们生活中的各种场景都在经过智能化改造后变得更加贴心和智能，同时人们在充分享受到这种智能化带来的便利后又会不断地催生新的需求。

例如，早期智能家居系统的智能窗帘仅仅具有开关窗帘的功能，灯具仅仅具有开关和简单的亮度调节功能，随着用户对这些功能的使用，就产生了通过灯光、窗帘以及其他遮阳设备来共同控制室内亮度和色温的需求，这也诞生了各种可随外界光线变化而变更亮度和色温的智能灯具，它们与智能窗帘和其他智能设备共同联动，实现对室内亮度的整体控制，通过动态调节窗帘、遮阳帘的开度和灯光的亮度、色温，共同实现用户需要的且随着外界光线变化的亮度、色温，让室内的光线也像自然的光线一样"活起来"，让生活更加舒适。

随着技术的发展，新的产品和功能扩大了智能家居的应用场景，用户对更多新应用场景的需求又刺激了新的产品和功能的提升，这就形成了一个正反馈，让智能家居在应用场景扩大的速度逐渐加快。

4. 人机交互更加便利

归根结底，智能家居是为人的需求服务的，这就要求在任何情况下，智能家居系统都要尽可能地准确了解并满足用户的需求，这就为智能家居系统提出了如何准确获知用户需求的问题。

早期的智能家居系统主要通过手机 APP 和嵌墙触摸屏等方式来获取用户的需求，如图 10-10 所示。亚马逊 Echo 的出现掀起了一场智能音箱革命，也让语音交互在两三年的时间迅速普及到各个智能家居系统，成为智能家居的一个基础功能，也让智能家居系统的人机交互进入一个新的时代。近期，智能墙壁面板、分布式语音组件的发展，让用户的需求能够更好地传递给智能家居系统，可以说人机交互已经获得了巨大的进展。

图 10-10　早期的智能音箱

但是宏观来看，目前的主流智能家居系统获取用户需求的方式依然有局限。

受限于当前的语音技术，用户可以通过智能音箱或者其他语音设备去控制各种设备，但是无法通过自然语言来建立各种复杂的自动化和场景，无法通过自然语音来进行系统的高级设置。

受限于当前人工智能和大数据的应用，多数智能家居系统还没有能够积累足够的数据让机器学习等人工智能技术整合，无法从当前有限的数据中挖掘出深入的用户需求，也就无法用这些需求去自动控制智能家居组件。

受限于当前身份识别的技术，多数智能家居系统组件还无法判断具体的人员身份，也就无法专门为特定的用户定制特定的需求。这些都是智能家居下一步的发展方向，也是智能家居更加"智能"的一个必经阶段。

总之，技术的发展是一步一步徐徐向前，市场的需求可以刺激技术的发展，技术的发展反过来作用于市场的需求，两者互相促进，让智能家居的发展处于较高的速度如图 10-11 所示。任何技术的发展都难以跨越式，人工智能、大数据等技术渗透进入智能家居的速度很快，但是深度融合依然需要时间，智能家居也是一步一步更加"智能"，我们期望智能家居早日变得足够"智能"，我们也应当庆幸我们在这个智能家居快速发展的时代，与智能家居共同成长。

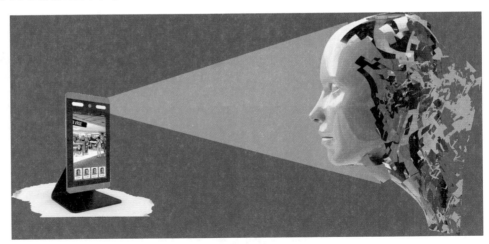

图 10-11　人脸识别是身份识别的一个主流发展方向

10.3　5G 与智能家居

5G 是当前炙手可热的技术，那 5G 对智能家居有什么影响呢？如果讲 5G 的影响，我们先要清楚 5G 本身的性质。因为就本质来讲，5G 不过是一种通信方式，而且是一种移动通信方式，是一种工具，这个工具好不好用，就要看这个工具本身有哪些特性。

5G 具有比 4G 更高的通信速度、更低的延时。5G 的速度可达到 10Gbit/s，比当前的有线互联网要快，比先前的 4G LTE 蜂窝网络快 100 倍；较低的网络延迟也就是更快的响应时间，低于 1ms，而 4G 为 30ms ~ 70ms；更高的速度和更低的延时相结合带来更好的通信实时性和可靠性。

其实 5G 还有几个属性，那就是超大网络容量和系统协同化。5G 可以提供千亿设备的连接能力，满足物联网通信，相对于以往的移动通信，其流量密度和连接数密度大幅度提高。而系统协同化，智能化水平提升，表现为多用户、多点、多天线、多摄取的协同组网，以及网络间灵活地自动调整，如图 10-12 所示。

图 10-12　万物互联的 5G 时代到来

了解了 5G 的特性，接下来看一下 5G 对智能家居的影响。

首先，智能家居本身是相对固定的，也就是说，智能家居基本上不需要移动通信。目前的智能家居系统，常见结构为小组件（特别是低功耗组件）使用Zigbee、Lora、蓝牙等低功耗组网方式与网关通信，网关、大组件（特别是不能使用电池供电的大功耗组件）更多地以 Wi-Fi 或者 Zigbee 等无线方式通信，也有的通过 KNX、485 等有线方式通信，从目前的智能家居系统结构来看，这里是找不到 5G 的位置的。5G 能够应用，则更多表现在用户的 App 端，也就是手机端的智能家居控制 App，从智能家居的云服务到用户的手机 App 上，5G 是有用武之地的，其高速率和低延时，可以让手机 App 与智能家居设备以及云服务更快、更稳定地传输，例如在实际使用中，实施观看家中视频可以更稳定、更流畅、清晰度更高，调取家中的信息也可以更快。

但就现阶段来讲，5G 在智能家居的系统内部，由于其移动属性以及其较高的组件成本及功耗，在目前的智能家居系统结构来讲，短期来看 5G 的作用不会非常明显。

如果放眼长期，则事情就会有所不同如图 10-13 所示。

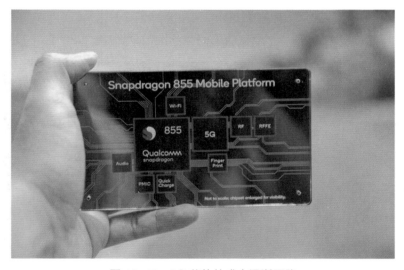

图 10-13　5G 芯片的成本逐渐下降

随着 5G 的广泛应用，其组网成本呈下降趋势，基站肯定会越来越密集，通信潜力会被充分发挥出来，由于其更高的传输速度，可能直接与有线网络供应商竞争，甚至可能成为一般性的家庭和办公网络。

这种情况下，智能家居现有的结构很可能会发生变化，会形成新的结构，部分智能家居组件、设备可以直接接入 5G 网络，而 5G 网络的超大容量和系统协同化优势充分发挥，更多的传感器、执行器、控制器接入 5G 网络，并根据需求灵活组建各种异构网络。这就意味着智能组件本身具有了更快的传输速度和更低的时延，会带来更强的计算能力，这时候 5G 才真正赋能智能家居系统，5G 的高性能通信对智能家居系统来讲意味着更强的信息收集、处理能力、AI 能力，智能家居将进入新的阶段，充足的数据积累和强大的运算力，从而让智能家居更加智能。

有了 5G 网络的支持，大量的数据可以被收集并迅速传输到云平台或者边缘计算平台，进行大量的运算分析，用户在家中的活动情况、健康状况、室内的温湿度变化、光照亮度变化、摄像头监测到的画面变化等各种参数都以非常高的精度和非常快的速度进行整合分析，从而通过 AI 来发现用户的生活习惯、行为习惯甚至生理、心理状态，真正实现"思考"到用户心里。

所以，当用户想打开窗帘的时候，系统已经开启了窗帘，当用户准备起床的时候，系统已经准备好了热水及行程信息，最重要的是，这些都不需要自己去设置，而是由机器通过 AI 来自行计算修正，同时会越用越贴心。

当然，这个过程本身也会使用用户的隐私数据，但是一定程度上讲，贴心的服务是需要一些数据作为支持的，用户可以根据情况选择向系统提供的数据，也可以将运算布署在边缘计算平台，从而避免了云平台的数据收集。

这是未来智能家居的样子，相信未来的智能家居系统中肯定有 5G 的影子，当然，也可能是 6G、7G……

10.4　未来的智慧生活

畅想未来，智能家居将会成为生活的"标配"，家中所有能够联网的设备都会通过物联网技术互相连接、相互配合，成为一个有机的整体，而智能家居也会和智能交通、智慧办公、电子商务等其他领域充分渗透，让人们的生活更加便捷，如图 10-14 所示。

未来的智能家居系统，可以通过各种传感器探测家中情况，结合人工智能，通过用户的行为、语言、体温、甚至眼神等信息充分分析用户的需求，只需要用户做很少的操作甚至不需要操作。

例如：灯光系统可以依据对室内人员的活动类型的识别来自动控制所有灯光，而不仅仅是人来灯亮人走灯灭。灯光系统还会和窗帘、遮阳棚等遮光系统组合，自动控制环境光和室内照明，为用户提供理想的亮度、色温，提供富有美感的高质量动态照明。

图 10-14　智能机器人

气候系统可以根据室内人员的年龄、性别、分布、喜好、体温、心情等各种参数来自动调节室内的温度、湿度、空气质量甚至于控制香氛系统。配合智能清扫机器人，可以实现房屋所有区域的自动清扫，且此清扫并不是定时或者由用户启动，而是系统可以自动分析室内卫生状况，自动在无人的时候启动清扫，随时保持房间清洁且不会影响家庭成员活动。

安防系统可以通过行走姿态等其他非接触方式随时识别人员身份，自动控制门禁，做到无感进出，不需要用户再去验证指纹、虹膜。对于非授权人员，则可以迅速准确发现，并自动采取证据记录、信息推送、报警等措施。

同时，安防系统还会随时监控室内状态，对于火灾、漏水、燃气泄漏等情况随时处置并推送信息，无法处置可以自动呼叫消防部门及相关机构处置。

影音系统甚至能够分析用户的心情和娱乐需求，自动推荐合适的音乐和电影给用户。

能源系统可以综合控制能源的输入和输出，通过控制光伏发电等分布式发电设备、电动汽车等储电设备、家中各种用电器，实现更高的能源利用效率和更低的功耗，对环境更加友好，如图 10-15 所示。

图 10-15　光伏发电系统

如图 10-16 所示，健康监测系统可以收集用户的睡眠、就餐、运动数据，综合分析评估家庭成员的健康状况，根据健康状况自动推送饮食及运动建议，甚至可以直接下单，需要的食品通过物流系统直接进入用户冰箱等区域储存，配合智慧厨房，实现更多自动化、精确化的餐饮准备，用户需要做的就是尽情享用美食。而当家庭成员出现健康问题时，系统可以自动联系社区医生或者医院进行处置。

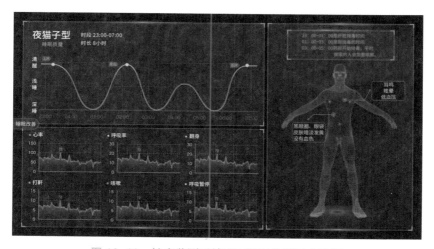

图 10-16　健康监测系统可以随时监测健康数据

　　智慧出行系统和智能家居系统紧密联系（图 10-17），未来的汽车会随时和智能家居系统通信，理解用户的意图和习惯，自动控制车内温湿度、空气质量和室内气候，做到车内环境和室内环境的无缝衔接，让用户上下车不会有明显的冷热变化。配合自动驾驶系统，用户只需进入车内，就可在规定时间抵达目的地。

图 10-17　智慧出行系统将交通参与者互联

　　总之，有了人工智能的加持，未来的智能家居的各个系统都可以做到根据人员的身份、状态和习惯自动控制系统的运行，而不需要用户过多地去干预系统，同时智能家居系统和智能交通、智慧办公、智慧医疗、社区服务等系统都能做到无缝链接，所有的系统都有机整合在一起，形成智慧城市，城市和城市进一步对接，最终形成智慧地球，如图 10-18 所示。

图 10-18　智慧城市

　　期望这一天早日来临……